U0268130

BIM技术应用

主　编　武黎明　王子健

副主编　罗洁滢　周升平

参　编　樊晓晨

北京理工大学出版社

BEIJING INSTITUTE OF TECHNOLOGY PRESS

内 容 提 要

　　本书以典型别墅案例为主线，分 14 章讲解 BIM 基本理论和 Revit Architecture 软件的功能及基本操作，包括 Revit 软件的概述，如何进行标高与轴网、墙体、门窗、玻璃幕墙、楼板、屋顶、楼梯和坡道等建模操作，并在建筑模型的基础上进行了建筑场地、统计和建筑表现和族等知识点的讲解。本书遵循认知与学习规律，内容由浅入深，循序渐进。通过对本书的学习，读者可以灵活运用 Revit 软件进行建模。

　　本书可作为高等院校建筑相关专业 BIM 课程的上机指导用书，也可作为 BIM 技术爱好者或从业者的自学参考用书。

图书在版编目（CIP）数据

BIM技术应用 / 武黎明，王子健主编.—北京：北京理工大学出版社，2021.5
ISBN 978-7-5682-9912-1

Ⅰ.①B… Ⅱ.①武… ②王… Ⅲ.①建筑设计－计算机辅助设计－应用软件－高等学校－教材　Ⅳ.①TU201.4

中国版本图书馆CIP数据核字（2021）第108337号

出版发行 / 北京理工大学出版社有限责任公司
社　　址 / 北京市海淀区中关村南大街 5 号
邮　　编 / 100081
电　　话 / （010）68914775（总编室）
　　　　　　（010）82562903（教材售后服务热线）
　　　　　　（010）68948351（其他图书服务热线）
网　　址 / http：//www.bitpress.com.cn
经　　销 / 全国各地新华书店
印　　刷 / 河北鑫彩博图印刷有限公司
开　　本 / 787 毫米 × 1092 毫米　1/16
印　　张 / 10　　　　　　　　　　　　　　　　责任编辑 / 钟　博
字　　数 / 206 千字　　　　　　　　　　　　　文案编辑 / 钟　博
版　　次 / 2021 年 5 月第 1 版　2021 年 5 月第 1 次印刷　　责任校对 / 周瑞红
定　　价 / 78.00 元　　　　　　　　　　　　　责任印制 / 边心超

　　BIM 技术是建筑行业的革命性技术，BIM 技术的普及应用离不开从业人员的 BIM 技能。无论对从业人员还是对建筑工程技术等相关专业的学生而言，BIM 技能不仅是一种必须掌握的技能，还是一种在职业选择和职业发展中突破自我的有效竞争因素。

　　目前在建或已建成的各种形态的建筑或多或少都获得了 BIM 软件的辅助。在各种 BIM 软件中，Revit 最为流行，使用最为广泛。Revit 是基于 BIM 建模技术的一款强大软件，从 BIM 技术发展开始至今，一直是实现各种 BIM 作品的最主要的设计平台之一。Revit 软件不仅功能强大，而且简单易操作，覆盖了从设计最初的建模到最终成果表现的全部工具，具有强大的导入、导出功能，能实现与各种软件良好地配合工作。Revit 本身就是一款能够精确描述对象的 CAD 类软件，基于此，本书以 Revit 软件为操作平台，以一栋三层别墅为对象［读者可通过访问链接 https://pan.baidu.com/s/13smJP3Spf4s3vdsUWsWrYg（提取码：a31m），或扫描右侧的二维码进行下载］，介绍了 BIM 概念、Revit 软件概述、绘制标高与轴网和整栋楼的三维模型等内容。

　　作为 BIM 技术应用教程，本书能够使学生有效掌握 Revit 基础理论及实用建模操作技能。本书共分为 14 章：第 1 章～第 3 章主要讲解 Revit 软件的概述、界面和功能；第 4 章～第 10 章以一栋三层别墅为对象讲解标高与轴网的绘制，墙体的绘制与编辑，门窗、玻璃幕墙、楼板、屋顶和楼梯及坡道的建模操作；第 11 章～第 14 章在建筑模型的基础上进行了建筑场地、统计和建筑表现与族等知识点的讲解。本书力求培养学生在 BIM 理论与应用方面的职业技能。通过对本书的学习，读者能够掌握 BIM 的概念，可以使用常用的 BIM 建模软件进行专业模型的创建，为从事 BIM 相关工作奠定基础。

本书由重庆工商职业学院城市建设工程学院武黎明和重庆科技学院建筑工程学院王子健担任主编，由重庆工商职业学院罗洁滢、周升平担任副主编，樊晓晨参与本书的编写工作。

本书是编者在总结多年教学经验与工程实践经验的基础上编写而成的，可作为高等院校相关专业的教材，也可作为从事建筑工程的技术人员的参考用书。

由于编者水平有限，书中难免存在错误和不足之处，敬请广大读者批评指正，以便今后改进和完善。

编　者

○目 录

Contents ::·

CHAPTER

01

第 1 章

BIM 概论

1.1 BIM 概述

1.1.1 BIM 的定义

BIM是Building Information Model的缩写，中文含义是"建筑信息模型"，是以三维数字技术为基础，利用计算机三维软件工具创建包含各种详细工程信息的建筑工程数据模型，可以为建筑工程中的设计、施工和运营等过程提供协调的、内部保持一致并可进行运算的信息。其中，"B"即Building，可以理解为从前期的规划决策到设计、施工及项目维护等建设项目的全过程的全生命周期；"I"即信息、数据，可以理解为在项目生命周期中出现的大量信息和数据；"M"即模型，可以理解为建造一个模型，将项目所有相关信息都在模型中表现出来，这是BIM的核心工作。

1.1.2 BIM 的主要特征

BIM的主要特征可以理解为可视化、协调性、模拟性、优化性、可出图性、信息完备性、信息关联性、信息一致性，可以将以往只在建造过程中出现的错误在多维数字化模型中提早发现并及早解决。

1. 可视化

可视化就是"所见即所得"，建筑行业中的施工图纸主要是以线条绘制的方式来表达建筑项目各个构件的详细信息，但构件真正的构造形式需要建筑业从业人员自行想象。例如，施工人员经常拿到的施工图纸只是用线条表达构件信息的二维平面图、立面图、剖面图及透视图，需要施工人员自行想象构件的三维实体形式并进行施工。对于构造简单的构件来说，施工人员可以根据以往的施工经验进行想象，但是如今工程建设项目的规模、形态越来越复杂，造型复杂的构件越来越多，用人脑来想象构件的真实形式不符合现实。

在应用BIM技术后，人们可以用线条绘制三维立体实物图形，呈现直观的立体模型。虽然建筑业也有设计方面的效果图，但是这种效果图缺少对构件的大小、具体位置、颜色等信息的表达，各个构件中无反馈性与互动性。BIM可以呈现出各个构件中的互动性与反馈性关系，并实现整个设计过程的可视化，可视化的结果可以通过效果图或报表等方式呈现，使建筑工程设计中的沟通、交流和决策均基于可视化环境进行开展，提高设计效率。

BIM的可视化特征可以从设计可视化、施工可视化、设备操作性可视化、机电管线碰撞检查可视化等几个方面来体现。

（1）设计可视化。设计可视化就是指用户可以在设计阶段将建筑、构件以三维方式直观体现出来。BIM工具具有多种可视化模式，一般包括隐藏线、带边框着色和真实渲染三种可视化模式。图1-1所示为隐藏线可视化模式，图1-2所示为带边框着色可视化模式，图1-3所示为真实渲染可视化模式。

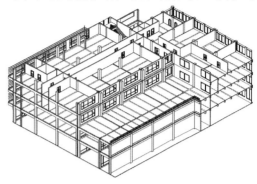

图 1-1　隐藏线可视化模式

另外，BIM还具有漫游功能，通过创建相机路径，并创建动画成一系列图像，可以向用户进行模型展示。图1-4所示为某BIM模型漫游路径设置图，图1-5所示为该模型的漫游展示图。

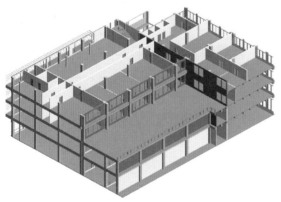

图 1-2　带边框着色可视化模式

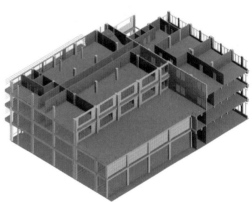

图 1-3　真实渲染可视化模式

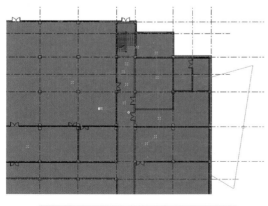

图 1-4　某 BIM 模型漫游路径设置图

图 1-5　某 BIM 模型的漫游展示图

第1章　第2章　第3章　第4章　第5章　第6章　第7章　第8章　第9章　第10章　第11章　第12章　第13章　第14章

（2）施工可视化。施工可视化是指可以利用BIM工具创建建筑设备模型、周转材料模型、临时设施模型等，以进行虚拟施工，如图1-6所示。

另外，对于施工时遇到的复杂构造节点，BIM也能实现对其的全方位呈现可视化，如复杂的钢筋节点、幕墙节点等。图1-7所示为钢筋节点可视化。

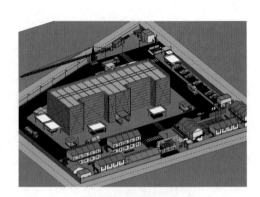

图1-6　施工可视化

（3）设备可操作性可视化。设备可操作性可视化是指用户可以利用BIM技术提前检验建筑设备空间是否合理。图1-8所示为某机房的BIM模型，通过该模型可以验证设备房的操作空间是否合理，对管道支架进行优化。

图1-7　钢筋节点可视化

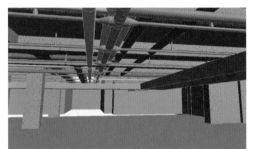

图1-8　某机房的BIM模型

（4）机电管线碰撞检查可视化。机电管线碰撞检查可视化即通过将各专业模型组装为一个整体BIM模型，从而使机电管线与建筑物的碰撞点以三维方式直观地显示出来。在传统的施工方法中，管线碰撞检查的方式主要有两种：一种是将同专业的CAD图纸叠在一张图上进行观察，根据施工经验和空间想象力找出碰撞点并加以修改；另一种是在施工的过程中边做边修改。这两种方法均费时费力，效率很低。但在BIM模型中，可以提前在真实的三维空间中找出碰撞点，并由各专业人员在模型中调整好碰撞点或不合理处后导出CAD图纸。图1-9所示为某工程的管线图，图1-10所示为该工程的管道碰撞图。

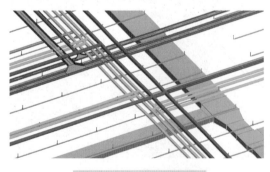

图1-9　某工程的管线图

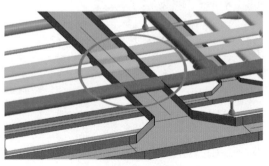

图1-10　管道碰撞图

2. 协调性

施工单位、业主单位及设计单位之间的协调是建筑活动中的重点内容，因为现代建筑工程的规模一般都比较大，通常情况下会将整个建筑分为多个部分分别进行设计，最后进行整合。如果项目在实施过程中遇到了问题，各参与方的有关人员需参与或组织协调，找出施工问题出现的原因并给出解决方法，然后通过变更做出相应补救措施等来解决问题。在传统建筑设计中，很容易忽视各部门及各专业之间的协调沟通，也容易产生各专业设计师之间因沟通不到位而出现各种专业之间的碰撞问题，从而大大降低工作效率。例如，暖通等专业中的管道在进行布置时，由于施工图纸分别绘制在各自的施工图纸上，在施工过程中，可能存在布置管线时某处有结构设计的梁等构件阻碍此管线的布置，像这样的碰撞问题会经常在施工过程中出现，且只能在问题出现后进行解决。

将BIM技术应用于建筑工程设计过程中，可以在建筑物建造前期对各专业的碰撞问题进行协调，生成协调数据，并提取出来。BIM技术在操作过程中，对于建筑设计师也更加"友好"，能够对建筑信息模型进行更好的设立并执行。

3. 模拟性

BIM不仅能模拟设计出的建筑物模型，还能模拟不能够在真实世界中进行操作的事物。具体体现如下：

（1）在设计阶段，BIM可以对设计上需要进行模拟的东西进行试验，如节能模拟、紧急疏散模拟、日照模拟、热能传导模拟等。

（2）在招标投标和施工阶段可以进行四维模拟（三维模型加项目的发展时间），也就是根据施工组织设计模拟实际施工，从而确定合理的施工方案来指导施工。同时，还可以进行五维模拟（基于四维模型加造价控制），从而实现成本控制。

（3）在后期运营阶段可以模拟日常紧急情况的处理方式，如地震人员逃生模拟及消防人员疏散模拟等。

4. 优化性

从本质上看，建筑业的整个设计、施工、运营过程是一个不断优化的过程。通过BIM技术的应用，可以做到更好的优化。但优化会受到信息、复杂程度和时间的制约。若信息不准确，做出来的优化结果容易不合理。在BIM模型建立过程中不仅要输入建筑物的几何信息、物理信息、规则信息等实际存在的信息，还要输入建筑物建成以后的实际存在信息，并提供建筑物变化以后的实际存在信息。复杂程度较高时，参与人员必须借助一定的科学技术和设备的帮助，才能掌握所有的信息。如今，高度复杂化的工程建设项目越来越多，超过参与人员本身的能力极限。BIM及与其配套的各种优化工具可以帮助参与人员对复杂项目进行优化。

5. 可出图性

应用BIM技术，不仅可以对建筑设计图纸和各构件加工图纸进行绘制，还可以通过对建筑物进行可视化展示、协调、模拟、优化等操作，形成各个专业图纸和深化图纸，例如经过碰撞检查和设计修改并消除了相应错误的综合管线图、综合结构留洞图，以及碰撞检查侦错报告和建议改进方案。

6. 信息完备性

BIM除对建筑工程对象的三维几何信息和拓扑关系进行描述外，还涵盖了完整的工程信息描述，如设计信息（对象名称、建筑材料、结构类型等）、施工信息（施工工序、施工进度、施工成本等）、维护信息（工程安全性能、材料耐久性能等）、对象之间的施工逻辑联系等。

7. 信息关联性

在建筑信息模型中，对象之间是可互相识别且互相产生关联的，计算机系统可以在收集模型信息后对模型信息进行统计和分析，然后产生对应的图片或文档。无论建筑信息模型中的哪个对象发生修改，所有与它有联系的对象也会实时更新，以实现模型所有数据的一致性和完整性。

8. 信息一致性

在建筑全寿命期，各个阶段的模型信息是一致的且相互共享，不需要重复输入相同的信息，而且信息模型能够自动演化。在不同阶段，模型对象可以简单地进行修改和完善，而无须重新创建，这避免了信息不一致的错误。

1.1.3 BIM 的价值

项目从始到终的整个过程为一个项目的全生命周期，而一个组织在完成一个项目时，为了更好地管理和控制项目，会将项目划分为一系列项目阶段，因此，项目的全生命周期是由项目的各个阶段放在一起构成的。建设工程项目应用BIM参与服务项目建设全生命周期的各个环节，为项目各有关人士提供协调、交流、工作的平台，保证项目的各个环节能够协同运作，为工程项目、参与人员创造巨大价值。BIM的价值可以从质量、成本、进度、安全、环境五个方面来体现。

1. 质量方面

建设工程项目全生命周期可以用三个阶段来表达。这三个阶段分别为项目前期管理阶段（包括项目建议书、项目方案设计）、建设期管理阶段（包括工程设计期、工程施工期）、项目后期管理阶段（项目竣工后的保修期）。建筑工程设计一般可分为方案设计和工程设计。方案设计是设计师通过经验和客户的需求对项目造型和功能布局进行的初步设计；工程设计是设计师根据方案设计对项目的尺寸、材料、节点大样进行的细化设计，往往两种设计是由不同的团队完成的，容易造成设计的脱节。在传统建筑设计情况下，很多设计脱节问题在施工阶段才会产生，造成施工难度加大，从而导致返工或浪费的现象层出不穷，甚至存在安全隐患。例如，设计错误、沟通不明确、方案设计中常见的立面窗户与内部功能冲突、管线与结构冲突、建筑构件因结构或构造原因不能与方案设计一致等问题。由于问题发生的时间太晚，应变能力不足，因而影响工程项目的质量。

项目应用BIM技术，使参与项目的方案设计方和工程设计方能以BIM模型作为沟通的工具，在设计期间对可能出现的冲突问题进行讨论，并对问题做出解决方案，减少工程错误，提高整体建筑物的质量。同样，针对项目其他参与方之间的冲突问题，利用BIM使项目各参与方能以BIM模型为载体，对各方之间的冲突问题提前进行沟通、协调、解决，从而提高工作效率，保证项目质量。

2. 成本方面

建设工程项目由一系列阶段构成，各阶段需要不同专业人员来完成，由于参与部门很多且各部门都有各自很强的专业性，各方人员容易在信息交付的过程中出现信息遗失或信息错误。例如，在项目的规划策划阶段，某部门的数据往往要作出调整，其他与之有关联的部门的数据也要相应地更新。如果各个部门在交付信息时出现了信息遗失，将导致大量低效率的重复劳动，浪费劳动成本。就BIM的大方向而言，BIM模型信息经由各阶段不断进行深化，并且共用同一套模型信息，相对于传统模式不会有信息遗失的问题，可以节省成本。

3. 进度方面

在项目实施过程中，可以应用BIM进行碰撞检查、施工模拟及项目管理，以减少施工错误，确保进度正常。例如，用户可以通过Revit软件建立建筑、结构、机电等BIM模型，然后将这些模型通过IFC或RVT文件导入专业的碰撞检车与施工模拟软件中，进行结构构件及管线综合的碰撞检测和分析，也可以对整个项目的建造过程或重要环节及工艺进行模拟，以便提前发现设计中存在的问题，并将其解决，减少施工阶段的设计变更，优化施工方案和资源配置；对于施工端而言，可经由BIM技术得到相关信息，并且投入相关软件或程序，对工地现场进行分析，如动线分析、人员管理系统、物料管理等。

4. 安全方面

通过BIM技术结合施工方案、施工模拟和现场视频监测，可大大减少建筑质量问题，降低发生危险的概率，并且在设计阶段提早与各专业角色进行沟通，了解各工作项目的施工情况，及早发现无法施工的内容或找寻更佳的替代方案，增加工程的安全性。

5. 环境方面

现行生态保育的观念逐渐重要，执行工程案件时，对于环境要予以保持。相对于传统繁复的计算，现行已有众多BIM软件可以进行分析运算，如光照分析、能源分析、风洞分析等，或以外挂的程序进行运算，缩短设计时间且保护环境。

✎ 1.1.4　BIM 硬环境

图1-11所示为BIM实施的硬件配备。

电脑设备	投影设备	移动终端
· 建模及分析电脑 · 模型整合电脑 · 服务器/工作站 · 移动工作站	· 工程高清投影 · 交流白板	· 平板电脑 · 手机

图 1-11　BIM 实施的硬件配备

✎ 1.1.5　BIM 软环境

1. BIM 的协同平台

基于BIM的本质，一个共同数据平台所承载的数据流将被所有参与方访问和修改，这是一种并联的方式，也是一种简化的协同关系和高效的沟通方式，从而避免信息在过渡传递过程中丢失或失真。图1-12所示为BIM协同平台。

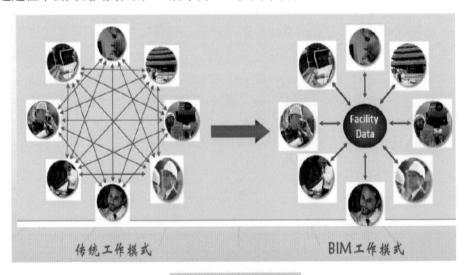

图 1-12　BIM 协同平台

2. BIM 核心建模软件

图1-13所示为BIM核心建模软件。

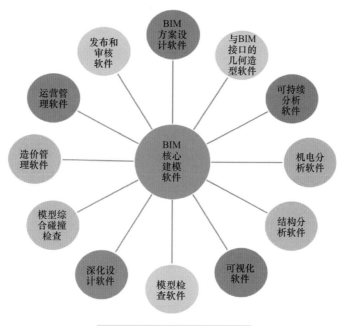

图 1-13　BIM 核心建模软件

目前，BIM核心建模软件主要有四个体系，如图1-14所示。

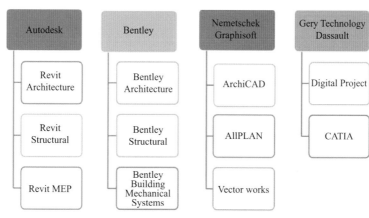

图 1-14　BIM 核心建模软件的四个体系

3. 建筑工程各阶段软件应用

图1-15所示为建筑工程各阶段软件应用。

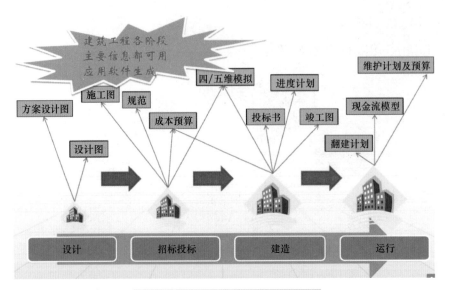

图 1-15　建筑工程各阶段软件应用

1.2　BIM 软件及相关工作

✎ 1.2.1　BIM 软件

BIM体系覆盖了建设工程项目全生命周期的各个阶段，包括设计阶段、施工阶段、运营管理阶段，各个阶段由不同专业人员参与，不同阶段的不同专业都有对应软件。主要BIM软件介绍如下。

1. Autodesk Revit

Autodesk Revit系列软件是由Autodesk公司专门为BIM打造的用于构建建筑信息模型的软件，主要针对工业建筑与民用建筑。它基于BIM技术，可进行自由形状建模和参数化设计，并且能够对早期设计进行分析。通过Autodesk Revit系列软件可以自由绘制草图，快速创建三维形状并交互地处理各个形状。

2. AutoCAD Civil 3D

AutoCAD Civil 3D软件是由Autodesk公司推出的、针对土木工程设计的软件。它的设计理念与Autodesk Revit系列软件十分相似，是基于三维动态的土木工程模型，能够帮助从事交通运输、土地开发和水利项目的土木工程专业人员快速完成道路工程、雨水/污水排放系统及场地规划设计。所有曲面、横断面、纵断面、标注等均以动态方式链接，可更快、更轻松地评估多种设计方案、作出更明智的决策并生成最新的图纸。

3. Autodesk Green Building Studio

Autodesk Green Building Studio通过Web Service的方式为建筑师提供服务。用户可以将Revit系列软件设计的模型导成一个gbXML数据文件，然后上传到这个网站，就能对整个建筑的能耗、用水和二氧化碳排放量进行分析，从而帮助建筑师评估不同的设计方案对建筑整体能量的影响。

4. Autodesk Ecotect

Autodesk Ecotect是一款功能全面的可持续设计及分析工具，具有应用广泛的仿真和分析功能，能够提高现有建筑和新建建筑设计的性能。该软件将在线能效、水耗及碳排放分析功能与桌面工具集成，能够可视化及仿真真实环境中的建筑性能。用户可以利用强大的三维表现功能进行交互式分析，模拟日照、阴影、发射和采光等因素对环境的影响。

5. Autodesk Robobat

Autodesk Robobat是由Robobat公司推出的一款功能非常强大的有限元理论结构分析软件，主要用于建筑行业，很多大型建筑都会使用它，如上海地铁、上海海洋水族馆、中国交通银行大厦、深圳城市广场等。

6. Autodesk Navisworks

Autodesk Navisworks是一个协同的校审工具，它的出现使设计人员对于三维工具的运用不仅局限于设计阶段，使用人员也不再仅局限于设计人员。Auto desk Navisworks软件的功能特性和使用方式，使得施工、运营、总包等各个项目的参与方都能有效地利用三维模型，并参与到整个模型的创建和审核过程中，从而使设计人员在项目设计、投标、建造等各个阶段和环节都能有效地发挥三维模型所带来的优势和能量。

7. Autodesk Infrastructure Modeler

Autodesk Infrastructure Modeler是针对基础建设行业的方案设计软件，它帮助工程师和规划者创建三维模型并基于立体动态的模型进行相关评估和交流，通过非常直观的方式使专业和非专业人员迅速地了解和理解设计方案。

1.2.2 BIM 相关工作

在建设工程项目全生命周期管理中，根据不同的需求可以将BIM相关工作划分为BIM模型创建、BIM模型共享和BIM模型管理三个不同的应用层面。BIM模型创建是利用BIM创建包含完成信息的三维数字模型；BIM模型共享是指将所创建的BIM模型集中存储在云服务器上，利用Onepoint、Autodesk Vault等云数据管理工具来管理模型的版本、人员的访问权限等，以方便团队中不同角色的人对数字工程模型进行浏览；BIM模型管

第1章 第2章 第3章 第4章 第5章 第6章 第7章 第8章 第9章 第10章 第11章 第12章 第13章 第14章

理是在BIM数字模型基础上整合并运用BIM模型中的信息，完成施工模拟、材料统计、进度管理、造价管理等。由于专业的复杂性，不同的阶段需要不同的BIM工具。例如，利用Autodesk Revit系列软件创建BIM模型，使用Autodesk Navisworks等软件进行冲突检测、施工进度模拟等，利用Onepoint软件管理BIM数据的共享方式。

章节练习

1. 什么是BIM?
2. BIM的主要特征分为几类? 分别是哪些?
3. BIM的价值可从几个方面来体现? 分别是哪些?

CHAPTER

02

第 2 章

Revit 软件概述

2.1 Revit 软件界面介绍

完成Revit软件的安装后，启动Revit Architecture，出现"最近使用的文件"界面，如图2-1所示。单击"项目"→"结构样例项目"选项，打开"结构样例项目"项目文件。

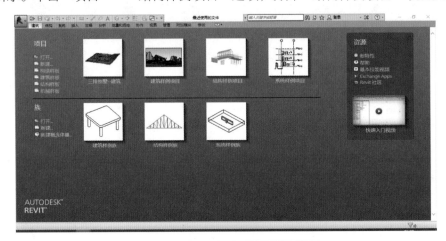

图 2-1 "最近使用的文件"界面

打开"结构样例项目"项目文件后，进入Revit Architecture三维界面窗口，用户可对项目进行查看和编辑。图2-2所示为Revit Architecture界面。完整的Revit软件操作界面包括应用程序菜单、功能区、快速访问工具栏、视图控制栏、"属性"面板、项目浏览器、绘图区域、工作集状态栏和状态栏。

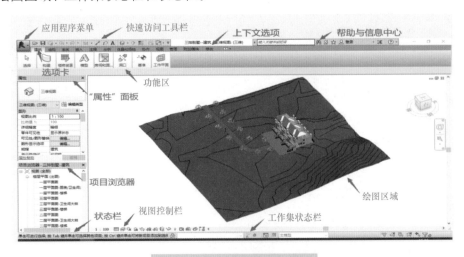

图 2-2 Revit Architecture 界面

2.1.1 应用程序菜单

单击操作界面左上角的"应用程序菜单"按钮，打开应用程序菜单列表，如图2-3所示。应用程序菜单列表包括新建文件、打开文件、导出文件、打印文件、关闭文件、等操作选项。

1. 新建文件

单击"应用程序菜单"按钮，在弹出的下拉列表中选择"新建"选项，在级联菜单中对项目、族、概念体量、标题栏、注释符号等进行新建操作，如图2-4所示。

图 2-3　应用程序菜单列表　　　　　　　图 2-4　"新建"选项

2. 打开文件

单击"应用程序菜单"按钮，在弹出的下拉列表中选择"打开"选项，在级联菜单中对项目、族、Revit文件、建筑构件、IFC、IFC选项、样例文件进行打开操作，如图2-5所示。

3. 导出文件

单击"应用程序菜单"按钮，在弹出的下拉列表中选择"导出"选项，在级联菜单中对CAD格式、DWF/DWFx、建筑场地、FBX、族类型、gbXML等进行导出操作，如图2-6所示。

图 2-5　"打开"选项

图 2-6　"导出"选项

4. 打印文件

单击"应用程序菜单"按钮，在弹出的下拉列表中选择"打印"选项，在级联菜单中对打印、打印预览、打印设置进行打印操作，如图2-7所示。若选择"打印"选项，系统会弹出图2-8所示的对话框，用户可以根据自己的需求进行设置。

图 2-7　"打印"选项

图 2-8　"打印"对话框

5. 关闭文件

单击"应用程序菜单"按钮，在弹出的下拉列表中选择"关闭"选项，用户根据需求自行选择关闭，如图2-9所示。

6. 选项

为了防止软件突然卡退导致文件丢失，用户在绘图时应随时对文件进行保存。用户也可以通过单击"应用程序菜单"按钮，在弹出的下拉列表中单击"选项"按钮（图2-10），系统将弹出"选项"对话框，在此对话框中选择"常规"选项，即可对软件默认保存的时间进行修

图 2-9　"关闭"选项

图 2-10　"选项"按钮

改，如图2-11所示。另外，在"选项"对话框中选择"图形"选项，用户可对软件背景颜色及其他颜色进行更改，如图2-12所示。

图 2-11　"选项"对话框

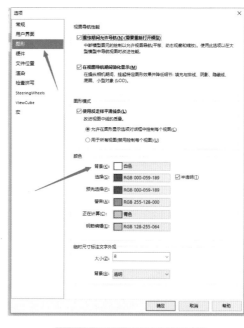

图 2-12　修改软件背景颜色

第1章　第2章　第3章　第4章　第5章　第6章　第7章　第8章　第9章　第10章　第11章　第12章　第13章　第14章

2.1.2 功能区

功能区提供了创建项目或族所需的全部工具。图2-13所示为Revit软件的功能区。单击功能区选项卡，将出现该选项卡的展开区域。如果展开区域中某面板下部带有下三角箭头，则表示该面板可以继续展开。如图2-14所示，单击功能区菜单栏中的"注释"选项卡，出现对齐、线性等工具，其中"尺寸标注"面板下部带有下三角箭头，单击该箭头，可继续展开区域。

图 2-13 功能区

图 2-14 功能区选项卡

2.1.3 快速访问工具栏

快速访问工具栏包含一组经常使用的可执行命令，如图2-15所示。

图 2-15 快速访问工具栏

各工具说明如下：

（1）打开 ▷。用以打开项目、族、建筑构件或IFC文件。

（2）保存 🖫。用以保存当前的项目、族、建筑构件或IFC文件。

（3）撤销 ▾ ↶。用以在默认情况下取消上次的操作。单击右边的下三角箭头可以显示并选择在任务执行期间执行的所有操作，并取消所有操作。

（4）恢复 ↷ ▾。用以在默认情况下恢复上次取消的操作。单击右边的下三角箭头可以显示并选择在任务执行期间所执行的所有操作，并恢复所有操作。

（5）切换窗口 🖾 。用以切换视图。

（6）三维视图 👁 。用以打开或创建视图，包括默认三维视图、相机视图和漫游视图。

（7）同步并修改设置 🔄 。用以将本地文件与中心服务器上的文件进行同步。

（8）自定义快速访问工具栏 ▼ 。用以自定义快速访问工具栏上显示的项目。要启用或禁用某项目，则可在"自定义快速访问工具栏"下拉列表中单击该工具。

✎ 2.1.4 视图控制栏

视图控制栏主要用于控制当前视图显示样式，包括视图比例、详细程度、视觉样式、打开/关闭日光路径、打开/关闭阴影、打开/关闭裁剪视图、显示/隐藏裁剪区域、三维视图锁定、临时隐藏/隔离、显示隐藏的图元、临时视图属性、显示/隐藏分析模型等，如图2-16所示。

1：100 □ 🗗 ✿ ✗ ♀ ☆ ♀ ⬡ ♀ ⬢ 📷 📑 ‹

图 2-16 视图控制栏

图2-16中从左往右依次为：比例；详细程度（粗略、中等、精细）；视觉样式（线框、隐藏线、着色、一致的颜色、真实带、光线追踪）；打开/关闭日光路径；打开/关闭阴影；打开/关闭裁剪视图；显示/隐藏裁剪区域；临时隐藏/隔离；显示隐藏的图元；临时视图属性；显示/隐藏分析模型；显示约束。

✎ 2.1.5 "属性"面板

"属性"面板用来查看和修改图元属性特征。"属性"面板由类型选择器、属性过滤器、编辑类型和实例属性四个部分组成，如图2-17所示。

各部分说明如下：

（1）类型选择器。绘制图元时，类型选择器会提示项目构件库中的所有族类型，并可通过类型选择器对已有族类型进行替换调整。

（2）属性过滤器。在绘图区域选择多类图元时，可以通过属性过滤器选择所选对象中的某一类对象。

（3）编辑类型。通过编辑类型，进入"类型属性"编辑对话框，可以对图元的材质等进行修改，如图2-18所示。

图 2-17 "属性"面板

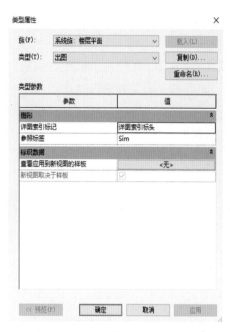

图 2-18 "类型属性"对话框

（4）实例属性。实例属性提供了图元的尺寸、高度等信息。

2.1.6 项目浏览器

项目浏览器用来管理整个项目所涉及的视图、明细表、图纸、族等内容，如图2-19所示。图2-20所示为项目浏览器下各视图类别的内容。

2.1.7 绘图区域

绘图区域主要用于设计操作，显示项目浏览器所涉及的视图、图纸、明细表等相关内容。在Revit软件中，每当切换至新视图时，都将在绘图区域创建新的视图窗口，且保留所有已打开的其他视图。

2.1.8 帮助与信息中心

用户在遇到使用困难时，可以随时单击帮助与信息中心按钮，打开文件查阅相关的帮助。

图 2-19 项目浏览器

图 2-20 项目浏览器下各视图类别的内容

2.1.9 快捷菜单

在绘图区域单击鼠标右键，系统将弹出快捷菜单。快捷菜单中的选项依次为："取消""重复""最近使用的命令""上次选择""查找相关视图""区域放大""缩小两倍""缩放匹配""上一次平移/缩放""下一次平移/缩放""属性"等，如图2-21所示。

图 2-21　快捷菜单

2.2　Revit 软件的基本概念

2.2.1 项目

项目是指系统默认的后缀名为".rvt"的数据格式保存的文件。项目文件包含工程中所有的模型信息和其他工程信息，如建筑的三维模型、平/立剖面及节点视图、各种明细表、施工图图纸所有的模型信息、材质、造价、数量等。

2.2.2 项目样板

项目样板是指在Revit软件中后缀名为".rte"的格式文件，在Revit软件中新建项目时，会自动以一个项目样板作为项目的初始条件。如图2-22所示，单击"应用程序菜单"按钮，在弹出的下拉列表中选择"新建"→"项目"选项，系统会弹出"新建项目"对话框，如图2-23所示；在对话框中单击"浏览"按钮，系统会弹出"选择样板"对话框，如图2-24所示，在对话框中选择合适的项目样板文件；然后确认新建类型为项目，单击"确定"按钮。这样，Revit软件将以选定的样板为基础，建立新项目。

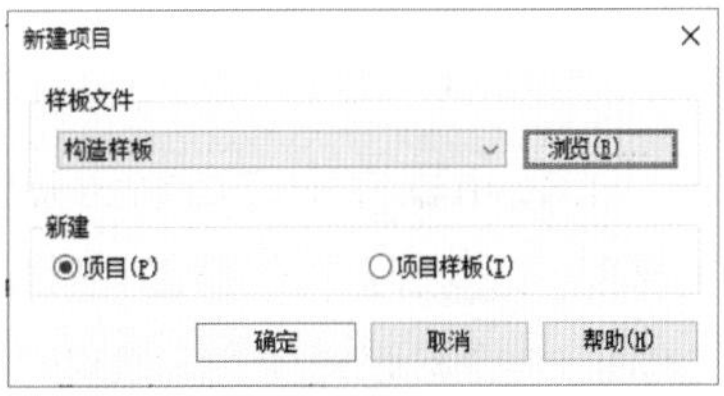

图 2-22　应用程序菜单

图 2-23　"新建项目"对话框

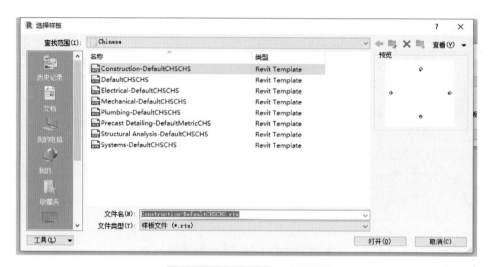

图 2-24　"选择样板"对话框

✎ 2.2.3　族（可载入族、系统族、内建族）

在Revit软件中进行设计时，墙、门、窗、楼板、楼梯等一系列基本的图形称为图元。除基本图形外，文字、尺寸标注等基本对象也称为图元。在Revit软件中，所有的图元都使用族来创建，族是Revit项目的基础。

随着项目文件的存储，项目中所用到的族也会一同存储，用户可以通过展开"项目浏览器"中的"族"类别，查看项目中所有能够使用的族，如图2-25所示。由一个族产生的各图元均具有相似的属性或参数。例如，对于一个单开门族，由该族创建的图元均含有高度、宽度等参数，但具体每个门的高度、宽度可以不同。族涵盖了许多可以自由调节的参数，这些参数记录着图元在项目中的尺寸、材质、位置等信息。修改这些参数可以改变图元的尺寸、材质、位置等信息。

在Revit软件中，族可分为可载入族、系统族、内建族三种。

图 2-25　"族"类别

1. 可载入族

在Revit软件中，可载入族以后缀名为".rfa"格式的文件保存。一般族库中有很多可供用户使用的族，在创建项目时，用户可根据自己的需求选择使用现有族或创建自己需要的自定义族。用户可以通过可载入族创建以下构件：

（1）安装在建筑内部、建筑周围的建筑构件，如窗、门、橱柜、桌子、植物等。

（2）安装在建筑内、建筑周围的系统构件，如锅炉、热水器、空气处理设备等。

（3）常规自定义的一些注释图元，如符号和标题栏等。

（4）结构图元，如梁、柱、钢筋形状、独立结构基础等。

由于用户可以自定义这些构件的高度，因此，可载入族是Revit软件中最常创建和修改的族。用户可以在外部RFA文件中创建可载入族，并导入项目。

2. 系统族

系统族不同于可载入族从外部文件中创建并导入项目，而是在Revit软件中预定义且保存在样板、项目中，不允许创建、复制、修改或删除，但用户可以复制、修改系统族中的类型。系统族用于创建基本图元，包括墙、天花板、屋顶、楼板、标高、轴网、尺寸标注等。系统族类型可以在项目和样板之间复制、粘贴或通过项目传递标准进行传递。

3. 内建族

内建族是用户只能在当前项目中创建的自定义族，既不能保存为".rfa"格式的族文件，也不能像系统族那样通过项目传递功能将其传递给其他项目。与可载入族、系统族有所不同，内建族仅包含一种类型。Revit软件不允许用户通过复制内建族类型来创建新的族类型。

族分类如图2-26、图2-27所示。

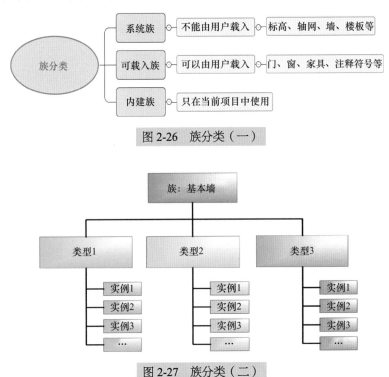

图 2-26 族分类（一）

图 2-27 族分类（二）

2.2.4 族样板

制作项目需要项目样板，同样，制作族也需要族样板。Revit 软件提供了大量的族样板文件，如图2-28所示。建立与项目有关的族文件时，若选择族类型（族样板的选择）与项目文件所需用的族类型不匹配，则会导致不能载入及使用。例如，创建窗族应选用公制窗族样板，常规的构件应该选用公制常规模型族样板，根据项目需求选择。

图 2-28　插入族样板

2.2.5 类型和实例

除内建族外，一个族都包含一个或多个不同的类型，用以定义不同的对象特性。例如，对于双开门来说，可以通过创建不同的族类型，定义不同双开门的类型和材质等。而每个放置在项目中的实际双开门图元，则是该类型的一个实例。

同一类型的所有实例所具备的类型属性参数设置均相同，但可以具备完全不同的实例参数设置。

2.3　Revit 软件的基础操作

2.3.1 项目的新建与保存

项目的新建、保存是Revit文件管理的基本操作之一。在Revit软件中，文件的新建与保存对象主要包括项目文件、项目样板文件、族文件、概念体量文件。

1. 新建与保存项目文件

启动Revit软件，系统弹出"最近使用的文件"页面（图2-29），选择"新建"选项（图2-29），系统弹出"新建项目"对话框，如图2-30所示；然后根据不同的专业需要选择一个合适的样板（图2-31），单击"确定"按钮进入三维模型创建状态，如图2-32所示。

创建完毕后单击"保存"按钮，系统默认保存为后缀名是".rvt"的项目文件，如图2-33所示。对文件进行保存时，单击"选项"按钮，可以修改最大备份数，一般建议为1~3，以免保存时备份文件过多占用内存及造成软件卡顿，如图2-34所示。

图 2-29　"最近使用的文件"界面

图 2-30　"新建项目"对话框

图 2-31　选择样板文件

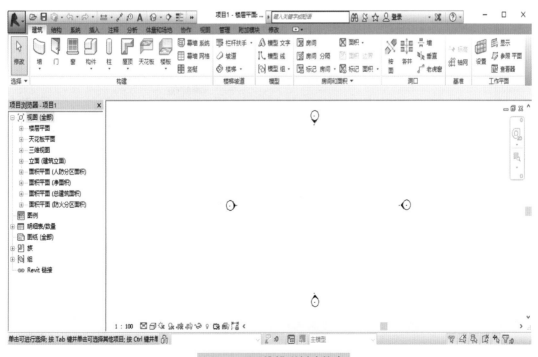

图 2-32　三维模型创建状态

图 2-33　保存项目文件

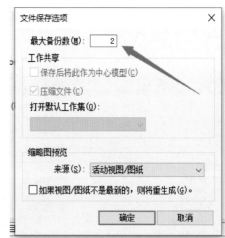

图 2-34　文件保存选项

2. 新建与保存项目样板文件

同样，启动Revit软件后，选择"新建"选项，系统弹出"新建项目"对话框，在选择好所需样本的基础上，选择"项目样板"选项，如图2-35所示。完成后，单击"保存"按钮，项目样板文件的后缀名是".rte"，如图2-36所示。

图 2-35　新建项目样板

图 2-36　保存项目样板文件

3. 新建与保存族文件

如图2-37所示，在"最近使用的文件"界面中，选择"族"→"新建"选项，系统弹出"新族-选择样板文件"对话框，根据自身需要创建不同族的类型，选择一个合适的族样板文件，如图2-38所示；单击"打开"按钮，进入三维族创建界面（图2-39）。完成后，单击"保存"按钮，族文件的后缀名是".rfa"，如图2-40所示。

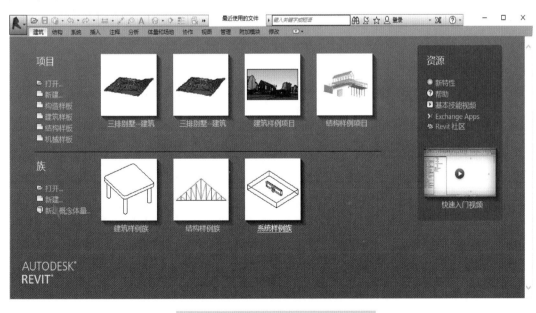

图 2-37　选择"族"→"新建"选项

第1章　第2章　第3章　第4章　第5章　第6章　第7章　第8章　第9章　第10章　第11章　第12章　第13章　第14章

图 2-38　选择族样板文件

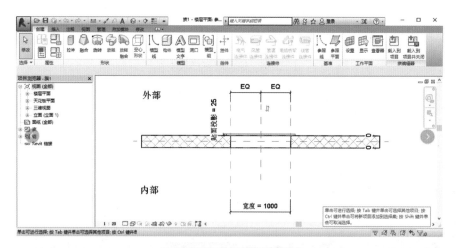

图 2-39　三维族创建界面

图 2-40　保存族文件

4. 新建与保存概念体量文件

在"最近使用的文件"界面中，选择"族"→"新建概念体量"选项，如图2-41所示，系统弹出"新概念体量-选择样板文件"对话框，在对话框中选择"公制体量"选项，如图2-42所示；单击"打开"按钮，进入创建和编辑概念体量的工作窗口。完成创建后，单击"保存"按钮，概念体量文件的后缀名与族文件的后缀名相同，如图2-43所示。

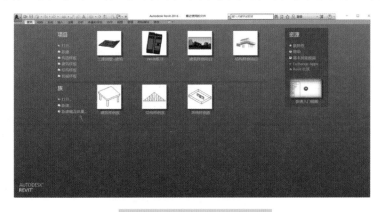

图 2-41　新建概念体量文件

图 2-42　选择"公制体量"选项

图 2-43　保存概念体量文件

🖎 2.3.2 视图控制

视图是Revit软件中按不同规则显示的模型投影图或界面图。视图有多种类型，如三维视图、楼层平面视图、天花板视图、立面视图、剖面视图、详图视图、图例视图、明细表视图等。每一类视图都有特定的用途，如明细表视图是以表格的形式统计项目中的各类信息。同一个项目中可以有任意多个不同类型的视图。在Revit软件中，所有可以访问的视图都组织在项目浏览器中，用户可以通过项目浏览器对各视图进行切换，也可以通过"视图"选项卡选择各种视图。

1. 使用项目浏览器打开视图

在Revit软件中，项目浏览器包括视图、明细表、族、图纸等所有项目资源，通过双击对应的视图名称可对项目的各视图进行切换。如图2-44所示，单击项目浏览器中的"视图"选项，显示出视图的全部选项，再单击所需视图类别，如单击"立面（建筑立面）"选项，会展开立面（建筑立面）类别，如图2-45所示，立面（建筑立面）视图类别中包括8个视图，双击立面（建筑立面）类别中的东立面视图，Revit软件将

图 2-44　项目浏览器　　　图 2-45　打开视图

打开东立面视图，如图2-46所示。同理，可通过项目浏览器打开所需的三维视图、楼层平面视图、天花板视图、剖面视图、详图视图、图例视图、明细表视图等，此处不再赘述。

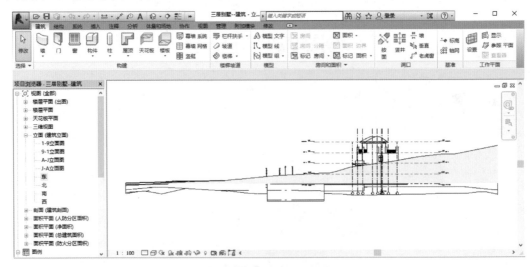

图 2-46　东立面视图

2. 通过"视图"选项卡选择视图

如图2-47所示，单击"视图"选项卡"窗口"面板中的"切换窗口"按钮，可在已打开的视图间进行快速切换。如图2-48所示，单击"窗口"面板中的"层叠"按钮，可以对已打开的视图窗口进行组织、排列。同样，如图2-49所示，单击"窗口"面板中的"平铺"按钮，可以对已打开的视图窗口进行平铺排列。用户可以根据需要自定义视图的显示方式。

图 2-47　切换视图

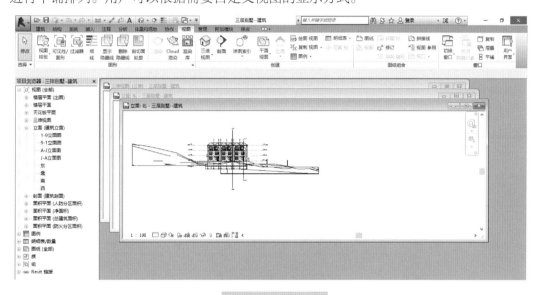

图 2-48　层叠视图

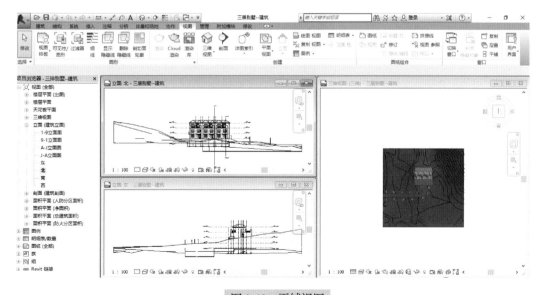

图 2-49　平铺视图

3. 视图导航

在Revit软件中，通过视图导航工具，可以对视图进行缩放、平移、旋转等操作。用户可以利用鼠标+键盘的方式或导航栏，对不同类型的视图进行操作。在平面、立面或三维视图中，对带有滚轮的鼠标，按住中间滚轮并拖动，可以实现视图的平移操作。视图的旋转操作只在三维视图中有效，同时按住Shift键+鼠标滚轮拖动鼠标，即可旋转三维视图。将鼠标的指针移动到模型需要缩放的位置，向上滚动鼠标滚轮，即可显示鼠标指针所放位置的放大显示视图。

ViewCube是Revit软件中可以控制三维视图的另一种工具，如图2-50所示，鼠标单击面、顶点或边，可实现模型各立面的轴测视图的切换。若想修改三维视图的方向为任意方向，可以用鼠标按住并拖拽ViewCube下方的圆环指南针，也可以按住Shift键和鼠标滚轮进行拖拽。

导航栏通常位于视图右侧ViewCube下方。导航栏主要包括两类工具，一类是视图平移查看工具，另一类是视图缩放工具。如图2-51所示，鼠标单击导航栏中的圆盘图标，Revit软件将进入全导航控制盘控制模式（图2-52）。此时，鼠标指针移动到哪个位置，全导航控制盘就会跟着移动到哪个位置。将鼠标指针移动到全导航控制盘中的命令位置，按住鼠标不动，即可执行缩放、平移、动态观察（视图旋转）等操作。

图 2-50　View Cube　　　　图 2-51　导航栏工具　　　　图 2-52　全导航控制盘

✎ 2.3.3　图元基本操作

对图元进行编辑、修改时，经常需要对图元执行移动、复制、镜像、旋转等多种操作工具，使用这些操作工具对图元进行修改、编辑时，很多时候需要先选择图元，才能够执行操作。

1. 选择图元

在Revit软件中，直接单击鼠标选择是经常使用的图元选择方式。通过鼠标+键盘功能键选择图元，可实现对图元选择集的构建。当选中集中的图元时，被选择的集中的图元会在所有视图中高亮显示，以区别于没有被选择的集中的图元。

（1）打开一个已有的项目文件，如"三层别墅"项目文件，通过项目浏览器下的视图类别，单击鼠标选中需要显示的视图类别，如单击"二层平面图"楼层平面视图，Revit软件窗口将显示"二层平面图"楼层平面视图，如图2-53所示。通过鼠标操作导航栏中的"缩放匹配"工具，让"二层平面图"楼层平面视图中的所有图元内容充满视图窗口。

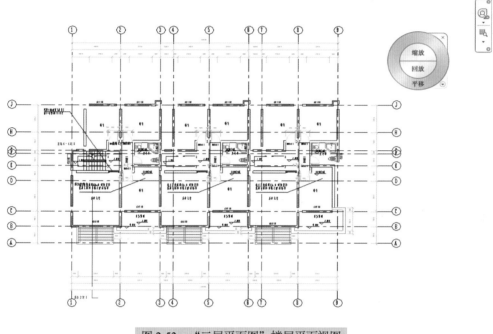

图 2-53 "二层平面图"楼层平面视图

（2）使用"区域放大"工具，放大"二层平面图"楼层平面视图的右下角位置，如图2-54所示，可以看到，右下角的卧室、客厅共有三扇窗，分别称为左侧窗、中间窗、右侧窗。移动鼠标指针到左侧窗图元上，如图2-55所示，单击鼠标，可以选择该图元，选择成功后，该图元将以蓝色显示。

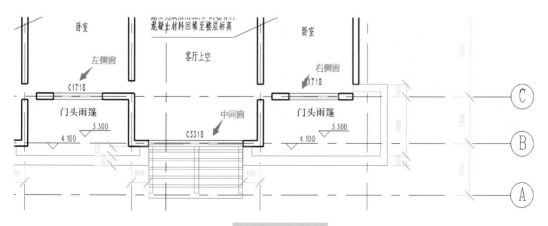

图 2-54 三扇窗

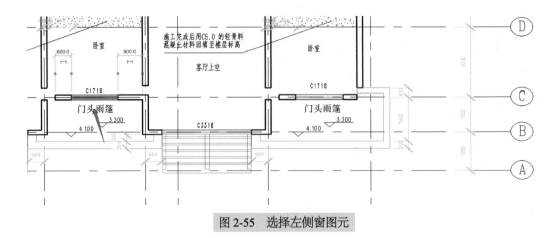

图 2-55　选择左侧窗图元

（3）移动鼠标指针到右侧窗图元，单击鼠标，右侧窗图元将被选择。此时，选择集中将保留右侧窗图元，而取消之前选择的左侧窗图元，如图2-56所示。

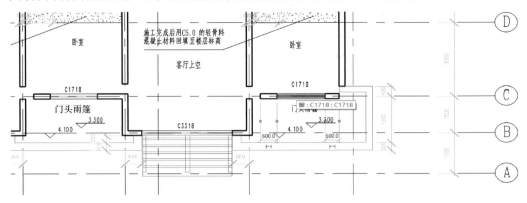

图 2-56　选择右侧窗图元

（4）同时选择三个窗图元时，按住Ctrl键，鼠标指针上方会出现"+"号，表示将向选择集中添加图元，再分别单击左侧窗和中间窗，系统将添加左侧窗图元、中间窗图元至选择集中，如图2-57所示。

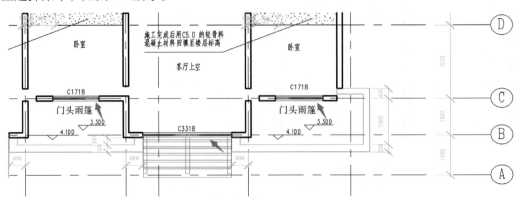

图 2-57　向选择集中添加图元

（5）按住Shift键，鼠标指针上方会出现"-"号，表示将在选择集中删除图元，如单击右侧窗，即可在选择集中取消该窗，只有左侧窗图元和中间窗图元被选择，如图2-58所示。

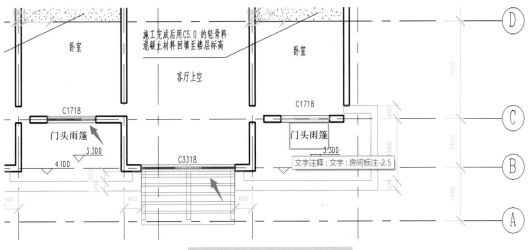

图 2-58　从选择集中取消图元

（6）在视图空白位置单击鼠标，取消选择集，按Esc键也可以取消选择集。

（7）将鼠标指针移动到左侧窗左上角位置，单击并按住鼠标左键，将鼠标向右下方移动，系统会出现一个实线范围框，当实线范围框将左扇窗、中间窗、右侧窗完全包围时，松开鼠标左键，被实线范围框完全包围的窗图元将被全部选择，如图2-59所示。

（8）将鼠标指针移动到右侧窗右下角位置，单击并按住鼠标左键，将鼠标向左上角移动，系统会出现一个虚线范围框，如图2-60所示。当虚线范围框完全包围右侧窗、中间窗、左侧窗时，松开鼠标左键，被虚线范围框完全包围的窗图元将被全部取消，另外，与虚线范围框相交的墙体、轴线、楼板等也会被取消选择。

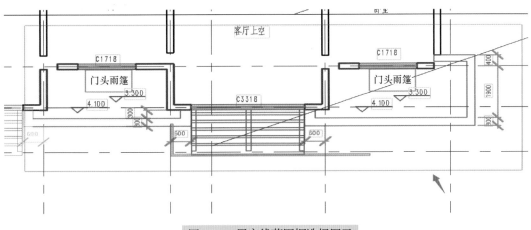

图 2-59　用实线范围框选择图元

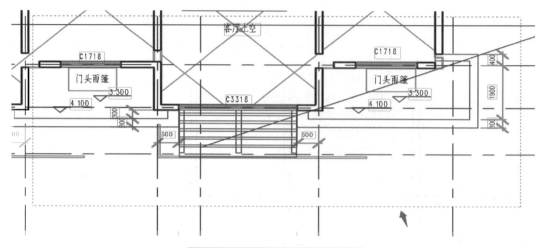

图 2-60　用虚线范围框取消图元

（9）系统将自动切换至"修改 | 选择多个"上下文选项卡，如图2-61所示，单击"过滤器"按钮，系统弹出"过滤器"对话框，如图2-62所示，单击右下角的过滤器图标也有同样的效果。从"过滤器"对话框中可以看出选择集中的图元类别及各图元的数量，单击取消墙、尺寸标注、线等图元类别的勾选状态，仅留下窗类别被勾选，然后单击"确定"按钮，退出"过滤器"对话框，系统将仅在选择集中保留窗图元。单击视图空白处，选择集取消。

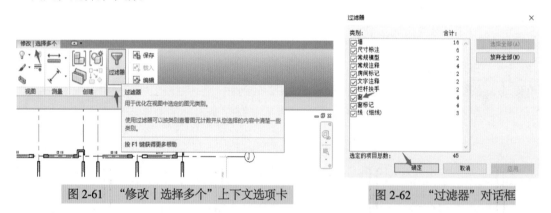

图 2-61　"修改 | 选择多个"上下文选项卡　　　　图 2-62　"过滤器"对话框

（10）单击左侧窗图元，选择左侧窗图元，单击鼠标右键，在弹出的快捷菜单中选择"选择全部实例"→"在视图中可见"选项，如图2-63所示，系统将选择当前视图中与该窗同类型的所有窗图元。

（11）移动鼠标至卧室的内墙处，如图2-64所示，该处墙图元将被亮显，表示单击鼠标便可选择亮显的墙图元。鼠标稍稍停留，亮显的图元名称将会显示出来。

（12）鼠标指针位置保持不变，循环按下键盘上的Tab键，系统将在墙与线连接位置处或墙与楼板边缘重合位置处循环亮显，如图2-65所示，当轴线板边缘亮显时，单击鼠标，将选择卧室位置的楼板。

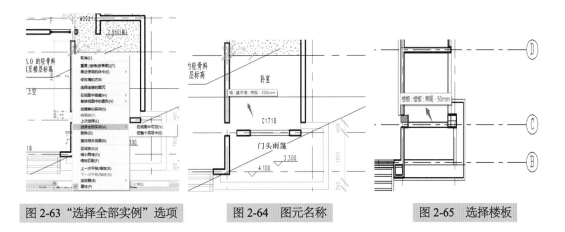

图 2-63 "选择全部实例"选项   图 2-64 图元名称   图 2-65 选择楼板

（13）完成图元基本操作练习后，关闭项目。如果系统询问是否保存，选择"否"选项，不保存对项目的修改。

2. 修改编辑工具

在Revit软件中，经常需要对选择的图元进行修改、移动、复制等编辑操作，用户可以通过"修改"选项卡或上下文选项卡，选用相应的修改和编辑工具对图元进行修改、编辑。

（1）打开"三层别墅"项目文件，单击项目浏览器下方的"二层楼面图"楼层平面视图，系统将显示"二层楼面图"楼层平面视图。

（2）单击项目浏览器下方的"剖面1"选项，系统将显示"剖面1"视图。选择"视图"选项卡中的"平铺"工具，系统将左右并列显示"剖面1"视图和"二层楼面图"楼层平面视图，单击视图的空白位置，激活视图窗口，通过导航栏中的"缩放匹配"功能，让视图中的所有单元全部显示在视图窗口中。

（3）使用区域放大工具，放大显示平面图中的卧室房间，以及"剖面1"视图中的 Ⓙ~Ⓗ轴线之间对应的位置，如图2-66所示。

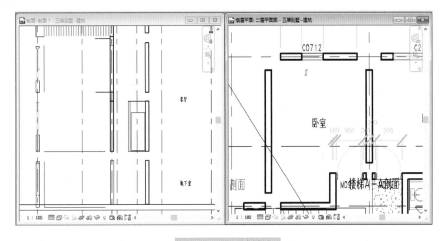

图 2-66 区域放大

（4）单击"二层楼面图"楼层平面视图中的空白位置，激活该视图，单击鼠标选择卧室轴线墙上编号为C0712的窗图元，选择成功后系统将自动切换至与窗图元相关的"修改|门"上下文选项卡，"属性"面板也将自动切换为与所选择窗相关的图元实例属性，如图2-67所示，当前所选择的窗图元的族名称为"塑钢窗700×200"，其类型名称为"C0712"。

（5）单击"属性"面板的类型选择器，其下拉列表中显示了项目中所有可用的窗族及族类型。如图2-68所示，灰色背景显示的为可用窗族名称，不带背景色的部分显示该族包含的类型名称，在下拉列表中单击选择"MC2127-B"类型的门窗，将窗修改为新的窗样式。

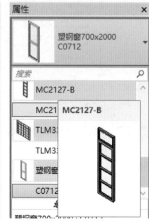

图 2-67　"属性"对话框　　图 2-68　修改新的窗样式

（6）在"剖面1"视图中空白位置处单击鼠标，激活该视图，确认窗仍处于选择状态。单击"修改窗"上下文选项下的"移动"按钮，如图2-69所示，进入图元移动编辑状态，在选项栏中仅勾选"约束"选项。

图 2-69　移动操作

（7）在"剖面1"视图中，将鼠标指针移动到窗右上角位置，窗图元的单元将被自动捕捉，如图2-70所示，当窗左上角端点被捕捉时单击鼠标，将该位置作为移动的参照基点。

（8）将鼠标向右移动，系统将显示临时尺寸标注，提示鼠标当前位置与参照基点之间的距离，如图2-71所示。然后通过键盘输入移动距离"50"，如图2-72所示，按Enter键确认输入。窗将向左移动50的距离。由于Revit软件中各视图的信息是一致的、共享的，因此在"剖面1"视图中移动窗的时候，"二层楼面图"楼层平面视图中窗的位置也会跟着更新。

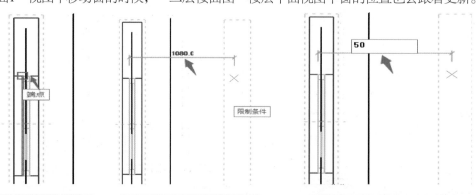

图 2-70　捕捉端点　　　　图 2-71　将鼠标向右移动　　　　图 2-72　通过键盘输入距离

（9）单击鼠标选中一个墙图元，如图2-73所示，选择图元后系统自动切换至"修改｜墙"上下文选项卡，选择"修改"面板中的"镜像-拾取轴"工具，如图2-74所示，系统进入镜像修改模式。

（10）移动鼠标指针到左侧最近墙的位置，如图2-75所示，系统将自动捕捉并亮显墙的中心线，单击鼠标，系统将以该墙的中心线为镜像轴，复制生成所选择的墙图元，如图2-76所示。

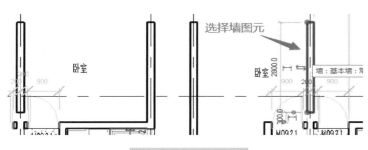

图 2-73　选择墙图元

图 2-74　"镜像 - 拾取轴"工具

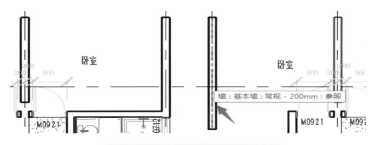

图 2-75　选择墙中心线为镜像轴

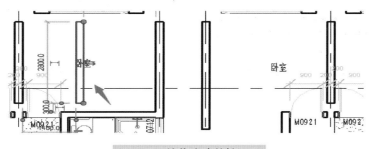

图 2-76　镜像生成的墙图元

第1章　第2章　第3章　第4章　第5章　第6章　第7章　第8章　第9章　第10章　第11章　第12章　第13章　第14章

（11）激活"二层楼面图"楼层平面视图，在视图中放大显示一个卧室位置，选择一个窗图元，按Delete键删除该窗。通过单击"修改|门"上下文选项卡"修改"面板中的"删除"按钮也有同样的效果。

（12）同理，单击鼠标选中一个图元，选择"复制"工具，系统进入复制编辑模式，如图2-77所示。将鼠标指针移动一个位置，单击鼠标，系统将自动以该位置作为复制基点，向左或向右移动指针到一个位置，单击鼠标，系统将复制选择的图元。

图 2-77　复制操作

2.3.4　临时尺寸标注

（1）打开已有的项目文件，通过浏览器切换到"一层楼面图"楼层平面视图，通过缩放工具，选择编号为"C1318"的窗，系统将显示窗两边洞口距离两边最近的墙表面之间的尺寸标注，如图2-78所示，窗两边洞口距离两边最近的墙表面之间的尺寸距离分别为1 800和400。由于该尺寸只会在选择图元时出现，因此该尺寸标注也称为临时尺寸标注。每个临时尺寸的两侧都具有可进行拖拽操作的夹点（图2-78），用户可以通过拖拽操作改变尺寸线的测量位置。

（2）将鼠标指针移动到窗左侧位置的拖拽夹点处，按住鼠标左键不放，移动鼠标指针至窗左侧最近墙中心线附近，系统会自动捕捉最近墙中心线，松开鼠标左键，此时临时尺寸显示的是窗口左侧边缘与左侧最近墙中心线的距离，如图2-79所示，窗口左侧边缘与左边最近墙中心线的距离为1 900。

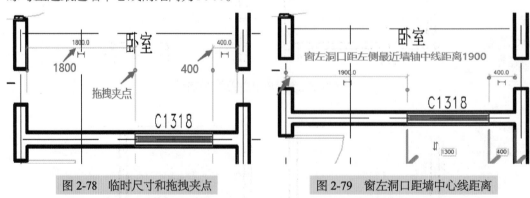

图 2-78　临时尺寸和拖拽夹点　　　　　　图 2-79　窗左洞口距墙中心线距离

（3）保持窗图元仍处于被选中的状态，单击窗口左侧边缘距离左边最近墙中心线的临时尺寸值，如图2-80所示，系统将进入尺寸值编辑状态，通过键盘输入数字"500"，按Enter键确认，系统将向左移动窗图元，使窗与左侧最近墙中心线的距离为500，如图2-81所示。

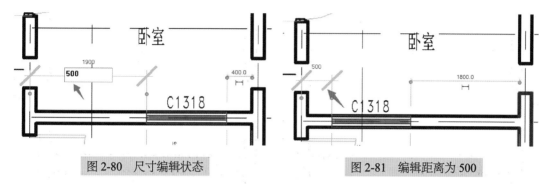

图 2-80　尺寸编辑状态　　　　　　　　　　图 2-81　编辑距离为 500

（4）在视图空白处单击鼠标，取消选择集，临时尺寸标注就会消失。若再次选择该窗图元，窗两侧的临时尺寸标注会再次出现。

（5）选择"管理"选项卡，展开"管理"选项卡的面板，在"设置"面板中单击"其他设置"按钮，在弹出的下拉列表中选择"临时尺寸标注"选项，如图2-82所示。

（6）选择"临时尺寸标注"选项，系统将弹出"临时尺寸标注属性"对话框，如图2-83所示。在默认情况下，某项目的临时尺寸标注在捕捉墙时会自动捕捉到墙表面，若在"临时尺寸标注属性"对话框中的"墙"选项区域选择"中心线"选项，则系统在显示临时尺寸标注时将自动捕捉墙中心线的位置，其他设置不变。设置完成后，单击"确定"按钮退出对话框，再次选择C1318窗图元时，临时尺寸显示的就是窗洞口边缘与两边最近墙中心线的距离，如图2-84所示。

（7）分别单击窗左侧、右侧的临时尺寸线下方的"转换为永久尺寸标注"符号，如图2-85所示。系统将按临时尺寸标注显示的位置转换为永久性尺寸标注，如图2-86所示。按Esc键取消选择集，尺寸标注将依然存在。

（8）完成关于临时尺寸标注的修改、设置练习后，单击"保存"按钮或直接关闭，当系统询问是否将修改保存至项目时，选择"是"选项。

图 2-82　选择"临时尺寸标注"选项

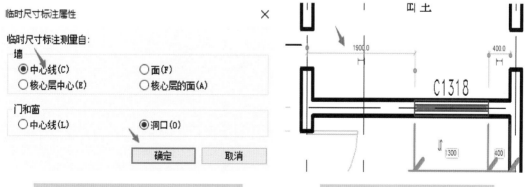

图 2-83　"临时尺寸标注属性"对话框　　　　图 2-84　窗洞口距墙中心线距离

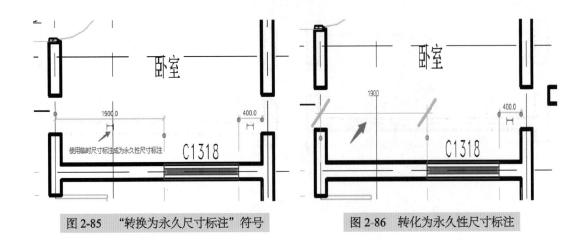

图 2-85 　"转换为永久尺寸标注"符号 　　　　　图 2-86 　转化为永久性尺寸标注

章节练习

1. 项目、项目样板、族、族样板文件的后缀名分别是什么?

2. 族可以分为哪几大类? 分别说出它们各自的特点。

3. 项目浏览器中主要包括哪些视图?

CHAPTER

03

第 3 章

对象编辑

3.1 快捷键命令操作

在Revit软件中，除可以直接单击各选项卡中的按钮访问各工具外，还可以直接使用快捷键进行图元编辑；使用快捷键，可以直接在键盘上输入快捷键字母，不需要使用空格键或Enter键确认。如果有多个工具的快捷键以该字母开头，则按键盘方向键可以在各工具之间切换，找到所需要的工具后，按Enter键或空格键即可完成该快捷键命令的操作。

在Revit软件中，用户可以根据自己的习惯或需要改变快捷键命令。下面以添加管理设置栏中"捕捉"功能快捷键为例，说明在Revit软件中修改快捷键命令的步骤。

步骤一 选择"视图"选项卡"窗口"面板"用户界面"下拉列表中的"快捷键"选项，如图3-1所示，系统将弹出"快捷键"对话框。

步骤二 在图3-2所示的"快捷键"对话框中，在列表框中找到"捕捉"命令，该命令的"路径"为"管理>设置"。

步骤三 在"按新键"文本框中输入要为该命令设置的快捷键，如图3-2所示，输入"RT"，单击"指定"按钮，将其指定给"捕捉"命令。完成后，单击"确定"按钮，退出"快捷键"对话框。

步骤四 直接在键盘中按字母RT，则Revit软件将进入捕捉界面，选中需要捕捉的图元即可。

图3-1 "用户界面"下拉列表

图3-2 "快捷键"对话框

3.2 选择对象

3.2.1 选择设定

选择图元是Revit软件中编辑和修改操作的基础命令。在所有操作前都需要选中所需要的图元才能进行编辑。通常，操作者都是通过单击鼠标进行图元的选择。若配合键盘功能，可以更灵活地进行图元选择。

3.2.2 单选

步骤一 打开"三层别墅"项目文件，在项目浏览器中切换至"二层楼面图"楼层平面视图。

步骤二 使用鼠标滚轮放大平面图，找到上方三间卧室的位置，让视图界面中铺满卧室平面图，如图3-3所示。

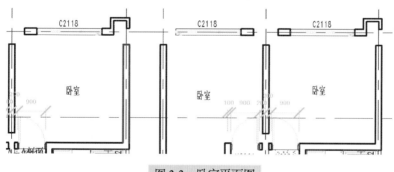

图 3-3　卧室平面图

步骤三 三间卧室共有三扇窗。移动鼠标指针到窗上单击鼠标，第一间卧室的窗变成蓝色。

步骤四 按住Ctrl键，鼠标指针变为带"+"号，表示向选择集中添加图元，分别选中第二扇和第三扇窗，添加到选择集中，如图3-4所示。

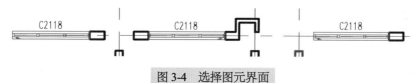

图 3-4　选择图元界面

步骤五　按住Shift键，指针变为带"－"号，表示从选择集中删除图元，单击左侧窗，则在选择集中取消该窗图元；或者在空白处单击鼠标或按Esc键，取消选择。

3.2.3 框选

步骤一　如图3-5所示，在左侧窗左上角按住鼠标左键，向右下方移动鼠标，系统将显示实线范围框，当实线范围框包围三扇窗时，松开鼠标，则选择的三扇窗都将包括在选择集中。

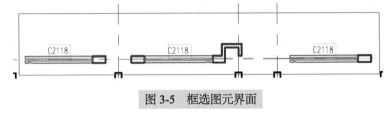

图3-5　框选图元界面

步骤二　按Esc键取消选择集。在第三扇窗右下角并按住鼠标左键，向左上角移动鼠标，系统将显示虚线范围框。如图3-6所示，当虚线范围框包围住所有窗时，松开鼠标，系统不仅会选中虚线范围框内的窗，还会选中与虚线范围框相交的其他图元。

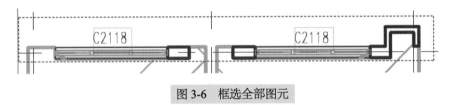

图3-6　框选全部图元

3.2.4 Tab键的应用

（1）可选择多个连贯构件或CAD中的连贯线。将鼠标停留在其中一个构件上，此构件将处于备选状态，此时不要单击鼠标，而是按Tab键，则与之相连的同一种构件都将处于备选状态。两种状态可按Tab键来回切换。

（2）按"Ctrl+Tab"组合键可快速切换窗口。例如，打开多个视图后，用此组合键可以快速切换视图。

（3）在做MEP时，利用Tab键可以选择鼠标停留处管道所在系统的所有连贯管道管件。

3.3　修改对象命令

选择图元后，可以对图元进行编辑或修改，本节进一步介绍图元的其他编辑操作。

3.3.1 对齐

步骤一 选择"修改"选项卡"修改"面板中的"对齐"工具，进入对齐编辑模式，取消勾选选项栏中的"多重对齐"选项，如图3-7所示。

图 3-7 对齐操作栏

步骤二 移动鼠标指针至图元边缘，系统将捕捉边缘并亮显。单击鼠标，系统将在该位置处显示蓝色参照平面；移动鼠标指针至参照物左侧，系统会自动捕捉门边参照位置并亮显，再次单击鼠标，如图3-8所示。

步骤三 系统将图元移动至参照位置，与参照物对齐，按Esc键两次，退出对齐编辑模式。效果如图3-9所示。

3.3.2 偏移、移动

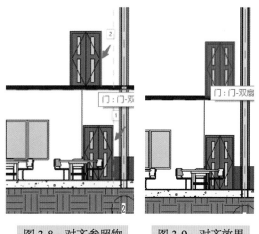

图 3-8 对齐参照物 图 3-9 对齐效果

步骤一 选择厕所的门作为图元，在剖面视图空白处单击鼠标，激活剖面视图，确认门仍处于被选择状态。选择"修改丨门"上下文选项卡"修改"面板中的"移动"工具，进入移动编辑状态，如图3-10所示。在选项栏中仅勾选"约束"选项。

图 3-10 移动操作栏

步骤二 移动鼠标指针到门右上角端点位置，系统将自动捕捉门图元的端点，当捕捉至门左上角端点时，单击鼠标，该位置将作为移动的参照基点。

步骤三 向左移动鼠标，系统将显示临时尺寸标注，提示鼠标当前位置与参照基点之间的距离。输入"500"作为移动的距离，按Enter键确认输入。

第 1 章 第 2 章 第 3 章 第 4 章 第 5 章 第 6 章 第 7 章 第 8 章 第 9 章 第 10 章 第 11 章 第 12 章 第 13 章 第 14 章

步骤四　系统将门向左移动500的距离。由于Revit软件中各视图都基于三维模型实时自动生成，因此在剖面视图中移动门时，系统会同时自动更新二层平面视图中门的位置。效果如图3-11所示。

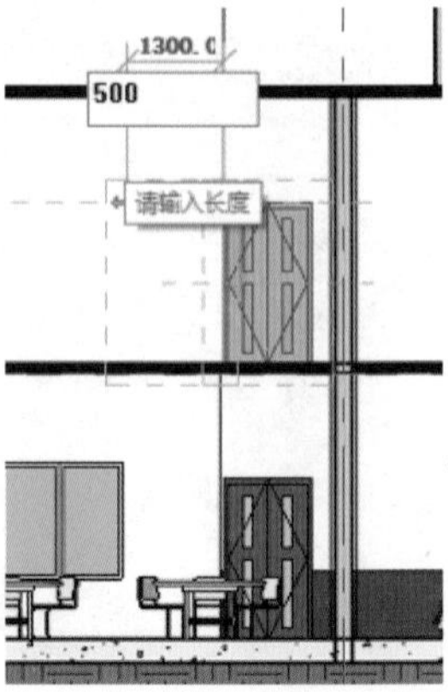

图 3-11　移动效果

3.3.3　镜像

步骤一　"镜像"命令一共有两种设置方式：第一种是以固定轴网为镜像线，进行图元镜像；第二种是以用户新建的一条固定线作为镜像线，进行图元镜像。由于此模型的不对称性，这里着重介绍第二种方式。切换至"修改"选项卡，选择"修改"面板中的"镜像-拾取轴"工具，如图3-12所示，系统进入镜像编辑模式。

图 3-12　镜像操作栏

步骤二　单击选择①轴的墙身大样，选择该元件作为图元，如图3-13所示。按空格键或Enter键确认已完成图元选择，系统自动切换至"修改|墙"上下文选项卡。

步骤三　选择"镜像-绘制轴"选项，如图3-14所示。在想要添加的两个对象中间绘制一条临时镜像轴线，进行图元的镜像。效果如图3-15所示。

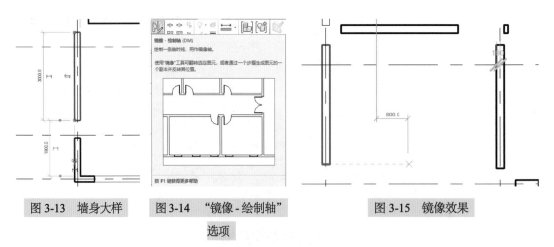

图 3-13　墙身大样　　图 3-14　"镜像-绘制轴"选项　　图 3-15　镜像效果

3.3.4　复制

步骤一　选择需要复制的对象。

步骤二 选择复制的对象后，在菜单栏中会自动出现选择多个的选项，单击"复制"按钮，如图3-16所示。

图 3-16 复制操作栏

步骤三 在选项栏中勾选"约束""多个"选项，如图3-17所示。

步骤四 在视图中选择复制的基点，依次进行复制。效果如图3-18所示。

图 3-17 约束图元　　　　　　　　　图 3-18 复制效果

📌 3.3.5 旋转

步骤一 选择"旋转"命令（图3-19），移动旋转中心控制点，或者单击选择中心控制点。

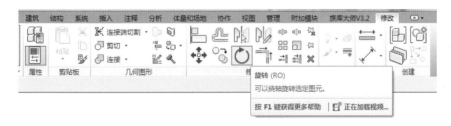

图 3-19 旋转操作栏

如果旋转中心选择"默认"选项，系统将会自动生成一个旋转中心控制点，这时需要通过移动来调整旋转中心控制点的位置。

步骤二 在选项栏中选择"旋转中心"→"地点"选项，即可选择一个旋转中心控制点，如图3-20和图3-21所示。

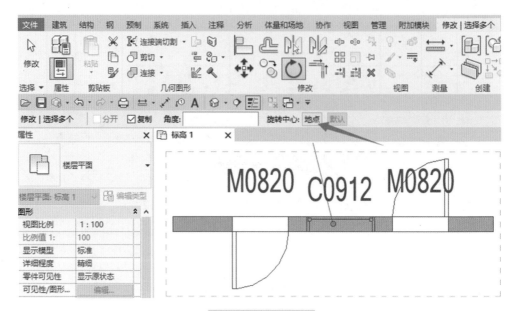

图 3-20 旋转地点

图 3-21 选择旋转点

步骤三 根据命令提示，选择旋转起始线。在三角的上方单击鼠标，用旋转控制中心点和新选择的点形成一条旋转起始线。

步骤四 按命令提示，选择旋转结束线。通过单击鼠标选择一个点，此点与旋转控制中心点形成一条旋转结束线。此时，系统会自动标注旋转角度，至此完成旋转命令。效果如图3-22所示。

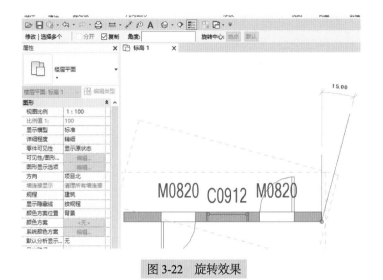

图 3-22　旋转效果

3.3.6　修剪 / 延伸

步骤一　选择"修改"选项卡"修改"面板中的"修剪/延伸"工具，如图3-23所示。

图 3-23　修剪 / 延伸操作栏

步骤二　先选择要修改和延伸的第一条线或墙，再选择要修改和延伸的第二条线或墙，完成图元的修改和延伸。

3.3.7　拆分

步骤一　选择"修改"选项卡"修改"面板中的"拆分"工具，如图3-24所示。

图 3-24　拆分操作栏

步骤二　若不删除内部线段，则在选项栏中不勾选"删除内部线段"选项。反之，则勾选"删除内部线段"选项。

步骤三　单击起点，单击终点。按Esc键两次，退出命令。

3.3.8　阵列

步骤一　如图3-25、图3-26所示，配合Ctrl键，选择阵列对象。

图 3-25　选取阵列对象　　　　　图 3-26　阵列操作栏

步骤二　选择阵列对象后，在工具栏会自动出现选择多个的选项，单击"阵列"按钮。

步骤三　单击"阵列"按钮后，选项栏中会出现与之对应的选项。勾选"成组并关联"选项，设置项目数为"2"，移动到"第二个"，勾选"约束"选项。勾选"成组并关联"选项，阵列后的构件是一个整体，若要编辑则需要双击进入阵列组进行构件的编辑，但这会使阵列中的其他构件也随之改变；取消勾选，阵列之后的各个构件均是单独的构件，可以任意编辑，编辑构件不会修改阵列中的其他构件，所以需根据项目需求进行选择，如图3-27所示。

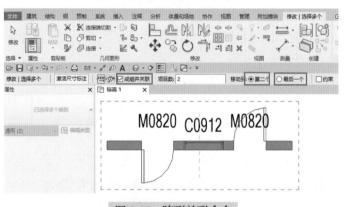

图 3-27　阵列关联命令

步骤四　对已经阵列的模型组，若需要编辑单个模型组但不改变其他模型组，则可以选中需要编辑的模型组，然后单击"解组"按钮即可对该模型组进行编辑，如图3-28所示。

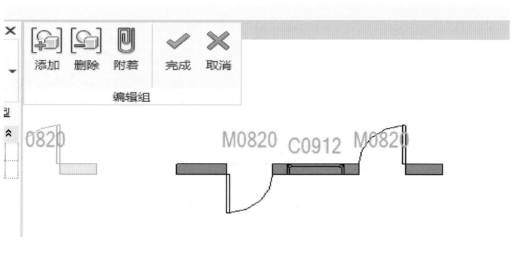

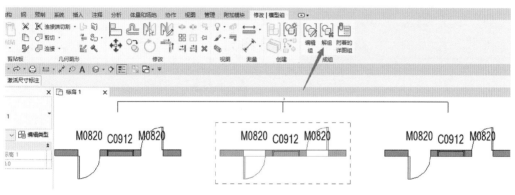

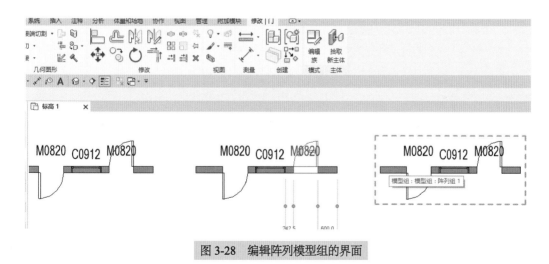

图 3-28 编辑阵列模型组的界面

步骤五 若在选项栏中选择"第二个"选项，则阵列完成后，当修改阵列个数时，是以阵列时选择的两个模型组的间距进行阵列。当改变阵列个数时，模型组始终在两点之间修改阵列的个数，如图3-29所示。

第1章 第2章 第3章 第4章 第5章 第6章 第7章 第8章 第9章 第10章 第11章 第12章 第13章 第14章

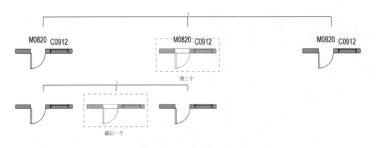

图 3-29　列阵修改数量对比

步骤六　单击确定参照基点，输入阵列的距离，按Enter键确认完成阵列。

章节练习

1．练习并掌握选择图元以及加选/减选图元的方法。

2．理解并熟练掌握修改对象的相关命令。

CHAPTER

04

第 **4** 章

绘制标高与轴网

4.1　标高

标高和轴网是建筑物定位信息中重要的参照条件。Revit软件中将楼层平面基于标高，作为各部构件的空间定位关系。同时，轴网和标高也是在Revit软件中实现各种专业三维协同设计的工作条件和基础。

在Revit软件中建立项目，最常用的方法就是先从标高和轴网入手，然后根据已知的轴网和标高信息进行墙、门窗等三维构件的建立，最后加载整个轴网和标高等三维构件的注释信息，即可完成项目。本书以这种最基础的方法进行一个综合楼项目的设计。本章介绍如何建立轴网和标高，并对其进行修改。

标高是建筑物立面定位的参照，楼层平面的设计都基于标高，用于确定模型主体之间的位置关系。

4.1.1　创建标高

步骤一　启动Revit软件，选择"新建"选项，如图4-1所示。系统弹出"新建项目"对话框，如图4-2所示，单击"确定"按钮进入Revit软件操作界面。

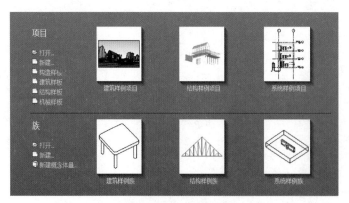

图 4-1　"新建"选项　　　　　　　　　　图 4-2　"新建项目"对话框

步骤二　进入操作界面，在工具栏中选择"管理"→"项目单位"工具，系统将弹出"项目单位"对话框，注意对话框内当前单位的设置，单击"确定"按钮退出"项目单位"对话框。创建标高时，系统默认为建筑标高，如需创建结构模型，则需将标高改为结构模型，如图4-3所示。

步骤三　在项目浏览器中单击展开"视图"下的"立面"视图类别，双击"东"立面，切换至东立面视图。在东立面视图中，项目样板默认显示的标高为"标高2""标高1""T.O.Fnd.墙"等。

步骤四　如图4-4所示，若需将"T.O.楼板"标高的注释数值修改为"-3.000"，此时应选中该标高的注释数值，在文本框中输入"-3.000"后按Enter键确认即可。若需修改标高的标头样式，则应单击"属性"面板"类型选择器"后的下三角箭头，在弹出的下拉列表中将标高由标头样式修改下标头（图4-5），修改完成后，效果如图4-6所示。

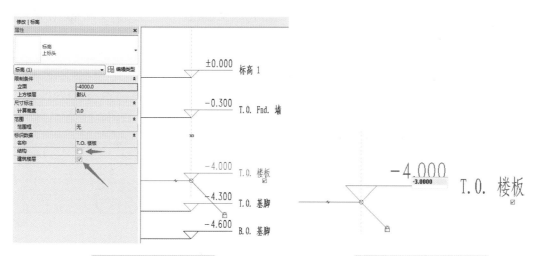

图4-3　标高结构模型　　　　　　　　　　图4-4　修改标高注释值

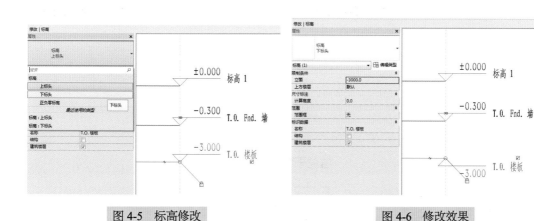

图4-5　标高修改　　　　　　　　　　图4-6　修改效果

步骤五　适当放大标高视图，双击选择"标高2"的标高值，进入文本编辑状态，如图4-7所示，删除文本框内的数字，输入"4.400"，按Enter键确定。此时，在视图中系统会将"标高2"移至高为4.400 m的位置，同时"标高1"和"标高2"之间的距离会变成4 400，如图4-8所示。

步骤六 选择"建筑"→"基准"→"标高"选项（标高创建命令在"建筑"选项卡"基准"面板中），系统将弹出标高创建选项栏（图4-9），并在"属性"面板中显示标高的属性。Revit软件提供了两种创建标高的工具，即绘制标高 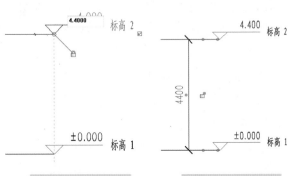和拾取线创建标高 ，如图4-10所示。

图 4-7 标高信息　　　图 4-8 修改标高

步骤七 在"修改|放置 标高"上下文选项卡"绘制"面板中单击"直线"按钮，在"属性"面板中设置标高的标头类型为"上标头"；用鼠标捕捉"标高2"的上端点，然后输入"3 300"，按Enter键确定，即可以确定标高的第一点；将鼠标指针移动至另一侧，在与"标高1"另一个端点对齐的位置单击鼠标，可确定标高的另一个端点，"标高3"即创建完成，如图4-11所示。创建标高的同时也创建了相应的平面视图，如图4-12所示。

步骤八 保存项目，完成标高的创建。已建成标高效果如图4-13所示。

| 修改 \| 放置 标高 | ☑创建平面视图 | 平面视图类型… | 偏移量: 0.0 | | 绘制 |

图 4-9 新建标高　　　图 4-10 选择标高类型

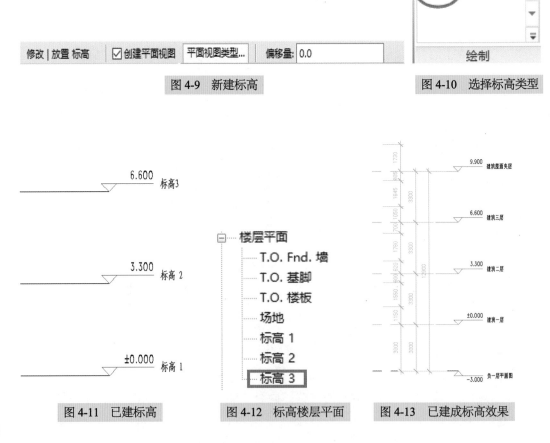

图 4-11 已建标高　　　图 4-12 标高楼层平面　　　图 4-13 已建成标高效果

4.1.2 编辑标高

前述已经完成了标高的建立，由于系统默认的标高样式有时并不与用户需要建立的项目标高一致，那么就需要对已经建立的或已知的标高进行修改。通常标高的修改包括标头符号和标高线的修改，下面对标高修改进行细致的讲解。

步骤一 在已建立好的标高上选择任意上标头标高，在"属性"面板中单击"编辑类型"按钮，在弹出的"类型属性"对话框中勾选"端点1处的默认符号"选项，如图4-14所示。单击"确定"按钮，则所有上标头标高都变为两端显示标头的样式，"标高1"（±0.000）仍为一端显示标头，如图4-15所示。

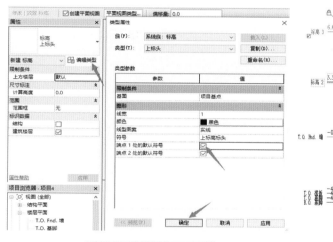

图4-14 标高编辑类型

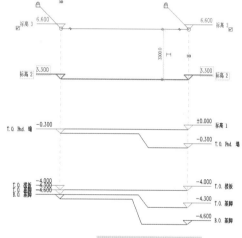

图4-15 整体标高

步骤二 选中"标高3"，拖拽标头端点的圆圈，可移动与之对齐的所有标高。如果只移动其中一个标头的位置，则需要选中该标高，单击标头上方的锁按钮将该标头与其他标头解锁，然后进行拖拽即可。在所有的视图中，只有当前标高的标头位置发生移动。

步骤三 若对标高的样式进行修改，则需要在新建的标高上，在"管理"选项卡的"设置"面板中单击"其他设置"按钮，在下拉列表中即可对标高的线型与线宽进行修改，如图4-16、图4-17所示。

图4-16 修改标高线型

步骤四 对标头进行修改，在"属性"面板中单击"编辑类型"按钮，系统将标出"类型属性"对话框，在对话框内对标头进行修改，如图4-18所示。

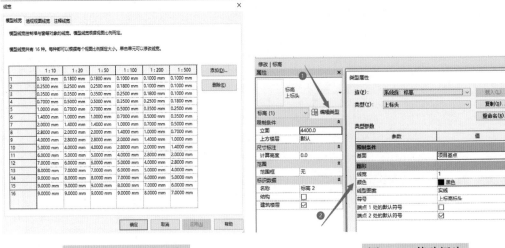

图 4-17　修改标高线宽　　　　　　　　　　图 4-18　修改标头

步骤五　在系统提示标高创建完成后，用户可以通过"修改"选项卡中的"锁定"按钮将标高锁定，避免因操作失误将标高的位置移动。

4.2　轴网

在标高创建完成后，可以切换到任意平面层进行轴网的创建或编辑。轴网用于在平面视图定位项目的图元。Revit软件提供了创建轴网的工具。下面介绍创建轴网的方法。

🖉 4.2.1　创建轴网

轴网的创建与标高的创建基本相似，操作过程也大致一致。

步骤一　进入"标高3"楼层平面，选择"建筑"或"结构"选项卡，将基准面板的轴网工具自动切换至"修改|放置 轴网"上下文选项卡，进入轴网放置状态。

步骤二　在"属性"面板"类型选择器"中选择轴网类型为"6.5 mm编号"，设置"绘制"面板中轴网绘制方式为"直线"，确认选项栏中的偏移量为0.0。单击空白视图左下角空白处，作为轴线起点，向上移动鼠标指针，Revit软件将在鼠标指针位置与起点之间显示轴线预览，并显示出当前轴线方向与水平方向的临时角度尺寸标注，如图4-19所示。当绘制的轴线沿垂直方向时，系统会自动捕捉垂直方向，并给出垂直捕捉参考线。沿垂直方向向上移动鼠标指针到左上角位置时，单击完成第一条轴线的绘制，该条轴线自动编号为1。

步骤三　确认系统仍处于轴线放置状态。移动鼠标指针至①轴线右侧位置，系统将自动捕捉该轴线的起点，并给出参考线。指针与①轴线间显示临时尺寸标注，输入"3 700"并按Enter键确认，将在距离①轴线右侧3 700处确定为第二条轴线起点。

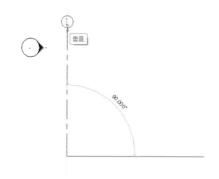

图4-19　新建轴网

步骤四　沿垂直方向移动鼠标，直到捕捉到①轴线另一侧端点时单击鼠标，完成第二条轴线的绘制。系统将该轴线自动编号为2，按Esc键两次退出轴网放置状态。

步骤五　单击②轴线，在工具栏中选择"复制"命令，在选项栏中勾选"约束"和"多个"选项。移动鼠标在②轴线上单击捕捉一点作为复制参照点，然后水平向右移动鼠标，输入间距值"3 600"，然后按Enter键确认，复制③轴线。保持鼠标位于新复制的轴线右侧，再输入"5 400"，按Enter键确认，复制④轴线。依次复制⑤ ～⑨轴线。至此，该项目的垂直轴线绘制完成，如图4-20所示。

步骤六　绘制水平轴线。在"建筑"选项卡"基准"面板中选择"轴网"工具，继续使用"绘制"面板中的"直线"方式，沿水平方向绘制第一条水平轴网，系统自动按轴线编号累计加1的方式命名该轴线编号为10。单击轴线标头中的轴线编号"10"，进入编号文本编辑状态，删除原有编号值，输入"A"，按Enter键确认，该轴线编号将被修改为"A"，如图4-21所示。

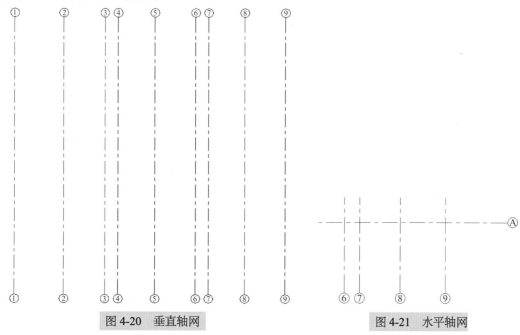

图4-20　垂直轴网

图4-21　水平轴网

步骤七　在Ⓐ轴线正上方1 650处，确保轴线端点与Ⓐ轴线端点对齐，自左向右绘制水平轴线，软件将自动编号为"B"。用同样的操作方法依次绘制Ⓒ、Ⓓ轴线。

步骤八　使用绘制和复制的方法，在Ⓓ轴上方绘制其余水平轴线，间距依次为1 200、1 500、300、1 800、2 700。已建成轴网效果如图4-22所示。

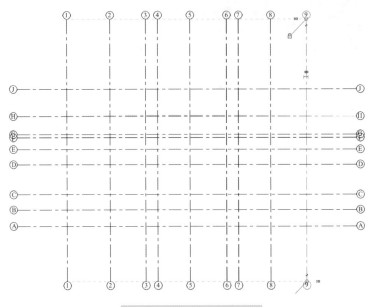

图 4-22　已建成轴网效果

✎ 4.2.2　编辑轴网

在Revit软件中，轴网对象和标高对象类似，是垂直于标高平面的一组"轴网面"，所以，它可以在与标高平面相交的平面视图中自动产生投影。

步骤一　修改轴网颜色和标号形式。选择任意轴线，在"属性"面板中单击"编辑类型"按钮，系统将弹出"类型属性"对话框。如图4-23所示，在"类型属性"对话框中将"轴线末段颜色"改为红色，勾选"类型参数"区域的"平面视图轴号端点1（默认）"选项，将"非平面视图符号（默认）"设置为"底"。

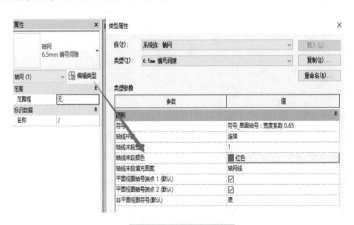

图 4-23　编辑轴网

步骤二　轴网标注。对垂直轴线进行尺寸标注，在"注释"选项卡"尺寸标注"面板中选择"对齐"工具，依次单击①~⑧轴线，随鼠标指针移动出现临时尺寸标注，单击空白位置，生成线性尺寸标注，以此检查轴网绘制的正确性。对水平轴线进行尺寸标注的方法与垂直轴线一致，依次单击Ⓐ~Ⓔ轴线，单击空白位置，生成尺寸标注，如图4-24所示。

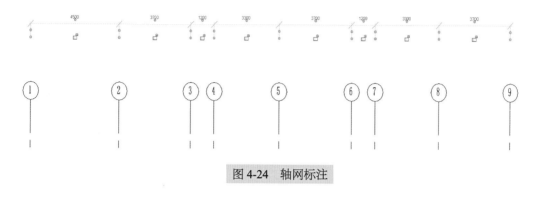

图4-24　轴网标注

步骤三　当轴网创建完成后，通过"修改"选项卡中的"锁定"按钮将轴网锁定，避免因操作失误将标高的位置移动。至此，完成创建轴网的操作。

章节练习

1．应用修改对象命令快速对轴网及标高进行绘制。

2．利用构造样板创建图4-13所示的标高，将标高线形图案修改为点画线。

3．创建图4-22所示的轴网，将轴线末端颜色修改为红色，各轴线的间距根据图示自定义尺寸。

CHAPTER

05

第 5 章

墙体的绘制与编辑

5.1 墙体的基本概念

建筑的墙体设计非常重要，Revit软件提供了墙工具，用于绘制和生成墙体。在Revit软件中创建墙体时，要先定义墙体的类型，再指定墙体的平面位置、高度等参数。Revit软件中的墙体有基本墙、幕墙和叠层墙三种。使用"基本墙"族可以创建项目的外墙、内墙及分隔墙等墙体。

5.2 墙体的绘制

下面介绍使用"基本墙"族创建项目墙体的步骤和方法。

（1）如图5-1所示，在"建筑"选项卡"构建"面板中单击"墙"按钮，在下拉列表中选择"墙：建筑"选项，自动切换至"修改|放置 墙"上下文选项卡。在"属性"面板中单击"编辑类型"按钮，系统弹出"类型属性"对话框。在"类型属性"对话框中单击"类型"列表后的"复制"按钮，在弹出的"名称"对话框中输入"项目外墙-混凝土砌块"作为新名称，单击"确定"按钮返回"类型属性"对话框。

（2）如图5-2所示，在"类型属性"对话框墙体类型参数列表中将"功能"选为"外部"；单击"结构"参数后的"编辑"按钮，系统弹出"编辑部件"对话框。

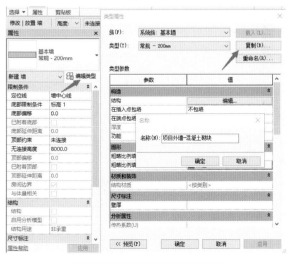

图 5-1　创建建筑外墙类型

图 5-2　设置建筑外墙功能

（3）如图5-3所示，在"编辑部件"对话框"层"列表中，墙包括一个厚度为200的结构层，将其材质设置为"混凝土砌块"；连续单击两次"插入"按钮，系统将在"层"列表中插入两个新层，新插入的层默认厚度为0.0，且功能均为"结构［1］"。

（4）如图5-4所示，选中编号为2的墙构造层，单击"向上"按钮，向上移动该层直到该层编号变为1，修改该构造层的"厚度"值为"20"。注意：其他层编号将根据所在位置自动修改。单击第1行的"功能"单元格，在"功能"下拉列表中选择"面层1［4］"选项。

图5-3　插入新层

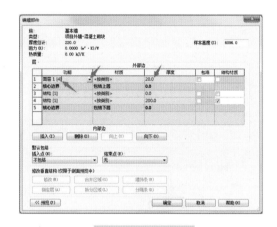

图5-4　设置面层

（5）在"编辑部件"对话框"层"列表中单击第1行"材质"单元格中的"浏览"按钮，系统弹出图5-5所示的"材质浏览器"对话框。若在搜索框内输入"花岗岩"，系统将显示"在该文档中找不到搜索术语"。单击"创建并复制材质"按钮 ，选择"新建材质"选项，新建一个材质。在"默认为新材质"选项上单击鼠标右键将新材质重命名为"项目-外墙-花岗岩"。

图5-5　新建材质

（6）选择刚刚创建的"项目-外墙-花岗岩"材质，修改其图形和外观等信息。单击"打开/关闭资源浏览器"按钮，在弹出的"资源浏览器"对话框搜索框中输入"花岗岩"，按图5-6所示的步骤，用新材质替换原来的"项目-外墙-花岗岩"材质，结果如图5-7所示。

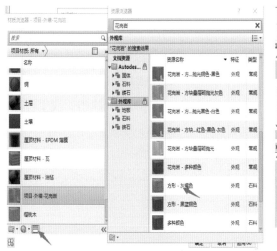

图 5-6 替换材质

图 5-7 替换后的材质

（7）在"编辑部件"对话框"层"列表中单击选择编号为3的墙构造层，单击"向下"按钮，向下移动该层直到该层编号变为5，修改该构造层的"厚度"值为20，单击"功能"单元格，在"功能"下拉列表中选择"面层1［4］"选项，如图5-8所示。

（8）单击"材质"单元格中的"浏览"按钮□，系统弹出图5-9所示的"材质浏览器"对话框，单击"显示/隐藏库面板"按钮显示库面板，在搜索框内输入"灰浆"，系统将显示"在文档中找不到搜索术语"，但下部Autodesk材质库中有"灰浆"选项，单击 或 按钮，将材质添加到文档中，单击"确定"按钮。如图5-10所示，外墙的材质全部设置完成。

图 5-8 设置第二面层

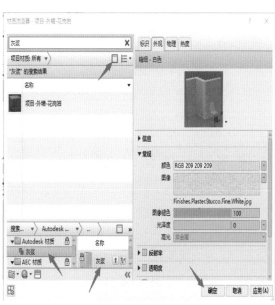

图 5-9 创建灰浆材质

图 5-10 设置外墙参数

（9）如图5-11所示，继续单击"属性"面板中的"编辑类型"按钮，打开"类型属性"窗口，单击"复制"按钮，创建"项目内墙-灰浆砌块"，设置功能参数为"内部"。单击"结构"中的"编辑"按钮，按照外墙参数的设置方法，设置内墙参数，如图5-12所示，单击"确定"按钮，设置完成。

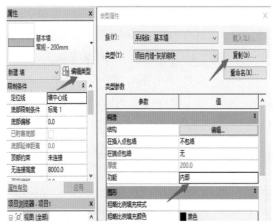

图 5-11 设置内墙参数

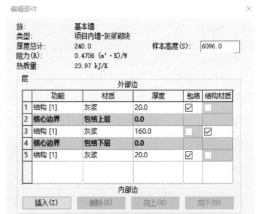

图 5-12 编辑内墙参数

5.3 布置项目墙体

（1）确认当前工作视图为"标高1"楼层平面视图，确认Revit软件仍处于"修改|放置 墙"状态。如图5-13所示，设置"绘制"面板中的绘制方式为"直线"，设置选项栏中的墙"高度"为"标高2"，表示墙高度由当前视图"标高1"直到"标高2"，设置墙"定位线"为"核心层中心线"，不勾选"链"选项，设置偏移量为"0"。另外，布置项目墙体时，定位线可选择图5-14所示的几种形式。

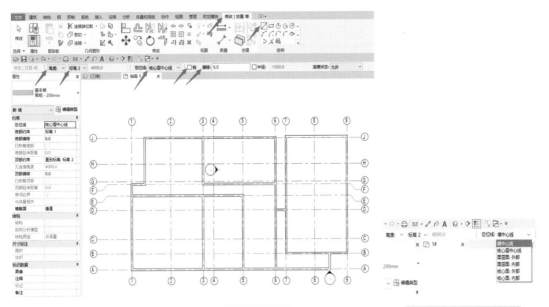

图 5-13　布置项目墙体"标高 1"　　　　　图 5-14　选择定位线

（2）如图5-15所示，绘制墙体时，始终以墙体中心线平分墙体厚度来绘制核心层：外部/内部。以墙体核心层为基准线进行绘制，绘制时可以按空格键对墙体进行外部和内部的切换。另外，绘制墙体时还可以通过调整顶部偏移与底部偏移来达到想要的效果，从而不用再创建标高，如图5-16所示。在绘图区域内，鼠标指针变为绘制状态，适当放大视图，移动鼠标指针至①轴线与Ⓐ轴线交点的柱的右侧位置，系统会自动捕捉端点，单击此端点作为墙的起点。移动鼠标指针，系统将在起点和当前鼠标指针位置间显示预览示意图。沿轴线垂直向上移动鼠标指针，直到捕捉至①轴线与Ⓕ轴线交点位置，单击第一面墙的终点。如图5-17所示，此时会有一个警告窗口出现，关闭此窗口。用同样的方法完成"标高1"层所有外墙的绘制。完成后按Esc键两次，即可退出墙体绘制模式。

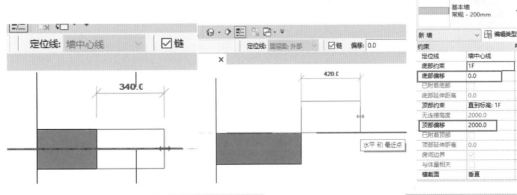

图 5-15　绘制墙体　　　　　　　　图 5-16　调整顶部偏移
　　　　　　　　　　　　　　　　　　　　　与底部偏移

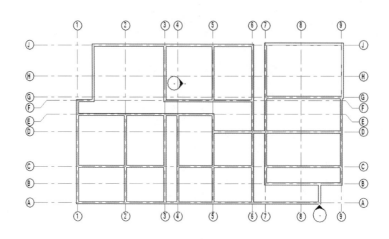

图 5-17　完成内、外墙布置

（3）在"建筑"选项卡"构建"面板中单击"墙"按钮，在下拉列表中选择"墙：建筑"工具，自动切换至"修改|放置 墙"上下文选项卡，在"属性"面板中选择"项目内墙-灰浆砌块"选项，以同样的方法完成内墙的绘制。

（4）以同样方法完成"标高2"和"标高3"内、外墙的绘制，如图5-18、图5-19所示。

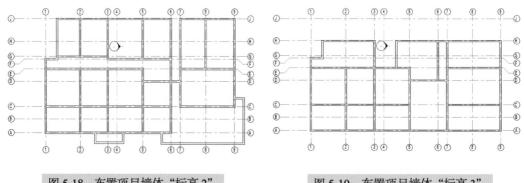

图 5-18　布置项目墙体"标高 2"　　　　图 5-19　布置项目墙体"标高 3"

章节练习

1．熟练掌握墙体的绘制方法。

2．利用第4章课后练习中创建的标高及轴网，完成图5-17所示的墙体绘制，将定位线设置为"核心层中心线"，将底部约束和顶部约束分别设置为建筑一层、建筑二层，顶底部偏移量为0，将内、外墙分别命名为"外墙-混凝土砌块-200 mm""内墙-混凝土砌块-200 mm"，并设置相应墙体的功能及核心层的材质和厚度。

CHAPTER

06

第 6 章

门 窗

6.1 创建门窗类型

门窗是建筑设计中最常用的构件。Revit软件提供了门窗工具，用户可以在项目中创建任意形式的门窗图元。Revit软件没有提供默认的门窗族，门窗图元属于可载入族，在添加门窗前，必须在项目中载入所需的门窗族，才能在项目中使用。用户可以载入多种族文件，用于丰富项目中门窗图元的显示效果。

6.1.1 创建一扇门

（1）在"建筑"选项卡"构建"面板中单击"门"按钮，进入"修改|放置 门"上下文选项卡，此时"属性"面板的"类型选择器"中仅有默认的"单扇-与墙齐"族，如图6-1所示。若要放置其他门图元，必须先向项目中载入所需的门族。以附件中一层平面图的C、D轴线之间的②轴线的门为例，选择"编辑类型"命令，在"类型属性"面板中单击"载入"按钮，在弹出的"打开"对话框中依次双击打开"China"→"建筑"→"门"→"普通门"→"子母门"文件夹，选择"子母门"选项，单击"打开"按钮。

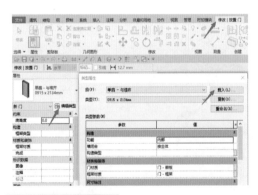

图6-1 载入门类型

（2）单击"属性"面板中的"编辑类型"按钮，在弹出的"类型属性"对话框中将"尺寸标注"的高度、宽度分别修改为2 200、1 200。单击"复制"按钮，命名为"FDM1222"，参数按照图6-2所示进行设置。

（3）按照上述方法创建其他的门类型，如此项目中的"单扇现代门1"的M0821、M0921，"双开移门01-推拉门"的TLM1521，"双扇推拉门"的TLM2127，"防盗卷帘门-侧装"的JLM2822等。

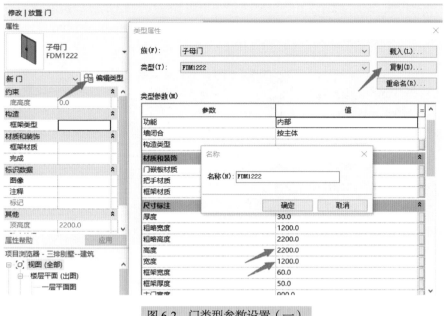

图 6-2　门类型参数设置（一）

（4）单击"属性"面板中的"编辑类型"按钮，在弹出的"类型属性"对话框中将"尺寸标注"的宽度、高度分别修改为3300、2700，单击"复制"按钮，命名为"TLM3327"，参数按照图6-3所示进行设置。

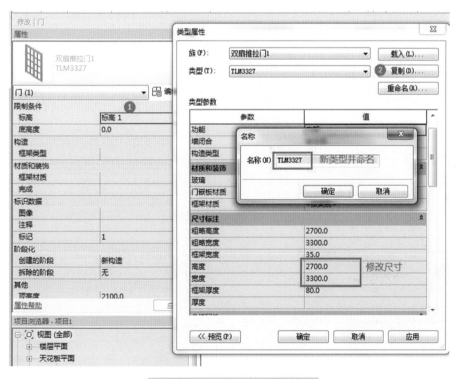

图 6-3　门类型参数设置（二）

6.1.2 创建一扇窗

（1）在"建筑"选项卡"构建"面板中选择"窗"选项，进入"修改|放置 窗"上下文选项卡，此时"属性"面板的"类型选择器"中仅有默认的"固定"族，如图6-4所示。若要放置其他窗图元，必须先向项目中载入所需的窗族。

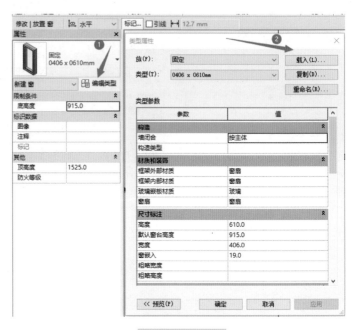

图 6-4 放置窗

（2）同前所述，在"类型属性"对话框中单击"载入"按钮，系统弹出"打开"对话框，在族库中找到对应的族构件载入项目。用户可以根据项目要求对族文件进行修改，修改其类型标记，以C1215为例，如图6-5所示。在放置窗时，单击"在放置时进行标记"按钮，则此时标记的即该窗的类型标记，如图6-6所示。

以附件中一层平面图的②、③轴线交Ｊ轴线这扇窗为例，选择"编辑类型"命令，在"类型属性"面板中单击"载入"按钮，选择"C2118"选项。

图 6-5 载入窗族文件

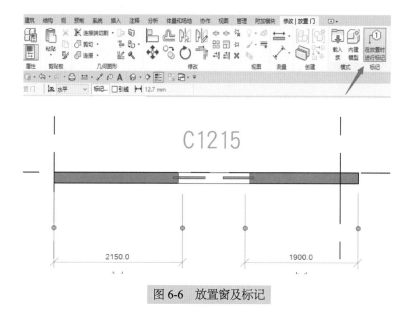

图 6-6　放置窗及标记

6.2　布置项目门窗

　　门窗类型设置完成后，可以进行门窗的布置。门窗可以在平面、剖面、立面或三维视图中布置。

　　（1）切换至附件中一层平面视图。适当缩放视图至Ⓒ～Ⓓ轴线交⑤轴线内墙位置，在⑥～⑦轴线间放置"子母门"门图元。在"建筑"选项卡"构建"面板中单击"门"按钮，进入"修改|放置 门"上下文选项卡，确认已激活"标记"面板中的"在放置时进行标记"按钮。在视图中移动鼠标指针，当指针处于视图中的空白位置时，鼠标指针显示为圆圈单斜杠，表示不允许在该位置放置门图元。移动鼠标箭头至Ⓒ～Ⓓ轴线交⑤轴线上墙体，将沿墙方向显示门预览，并在门两侧与Ⓒ～Ⓓ轴线间显示临时尺寸标注，指示门边与轴线的距离。如图6-7所示，将鼠标指针移动至靠墙内侧墙面时，显示门预览开门方向为内开，左右移动鼠标指针，当临时尺寸标注线到柱边均为500 mm时，单击放置门图元，Revit软件会自动放置该门的标记"FDM1222"，放置门时系统会自动在所选墙上剪切洞口。放置完成后，按Esc键两次退出。

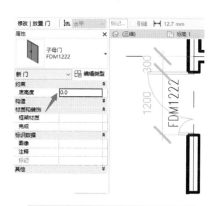

图 6-7　修改外墙门标高和方向

（2）子母门"FDM1222"布置完成以后，要对其进行修改，以满足设计图纸的要求。首先，对约束的标高和门的方向进行修改。选择创建的子母门，在"属性"面板中将约束"底高度"设置为"0.0"，按空格键或单击"翻转面"按钮，便可翻转门的安装方向。

（3）按上述方法创建一层的其他的门窗图元，并且继续创建其他楼层的门窗图元。

章节练习

1．熟练掌握族库中常用族构件的位置。

2．任意载入一扇双开门和双扇窗，类型命名和类型标记命名一致，将门窗分别命名为"M1221""C1518"，设置窗底高度为300 mm，并修改相对应的宽度和高度。

CHAPTER

07

幕 墙

7.1 幕墙的分类

幕墙由外墙、幕墙网格、竖梃和幕墙嵌板组成，附着于建筑结构，是建筑的外墙维护结构。其不承重，由玻璃面板支撑体系构成。在Revit软件中，幕墙属于墙的一种类型，主要有默认的幕墙、外部玻璃、店面三种类型。

7.2 线性幕墙的绘制

在Revit软件中，绘制幕墙的方法和绘制常规墙体的方法是一致的。打开Revit软件，新建构造样板，在功能区"建筑"选项卡"构建"面板中选择"墙"命令，在"属性"面板的"类型选择器"下拉列表中选择"幕墙"选项，如图7-1所示。绘制并生成的幕墙图像，如图7-2、图7-3所示。

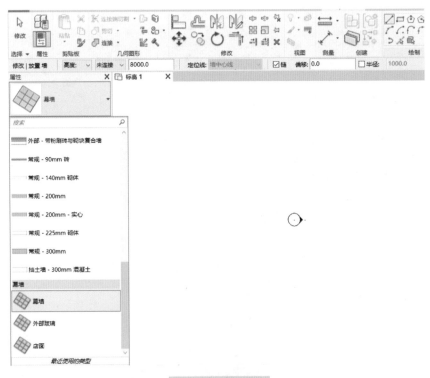

图 7-1　创建幕墙

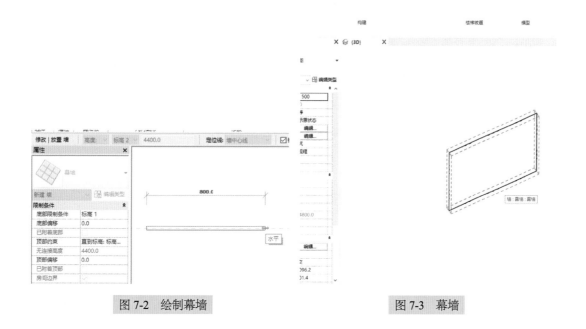

图 7-2　绘制幕墙　　　　　　　　　图 7-3　幕墙

7.3　幕墙系统的创建

　　本节以在体量模型上创建幕墙系统为例，介绍幕墙系统的创建步骤。先在功能区选择"体量和场地"选项卡，如图7-4所示。单击"概念体量"面板内的"内建体量"按钮，在弹出的"名称"对话框中输入相应的名称后单击"确定"按钮创建选项，如图7-5、图7-6所示。在"绘制"面板内单击"矩形"按钮，进入"修改|放置 线"上下文选项卡，如图7-7所示。单击轮廓线进行选择，如图7-8所示。在"形状"面板中选择"创建形状"命令，在下拉列表中选择"实心形状"选项，如图7-9所示。进行拉伸即可创建实心形状，如图7-10、图7-11所示。创建幕墙系统，在"建筑"选项卡"构建"面板中选择"幕墙系统"命令，如图7-12所示，进入"修改|放置面幕墙系统"上下文选项卡，在"多重选择"面板上单击"选择多个"按钮，如图7-13所示。在"属性"面板中单击"编辑类型"按钮，弹出"类型属性"对话框。在"类型参数"列表中，"幕墙嵌板"与"连接条件"选项分别显示默认样式的嵌板与连接条件，单击该选项，在下拉列表中选择相应的选项，重新定义幕墙系统的类型。例如，选择"系统面板：玻璃"及"边界和网格1连续"选项，如图7-14所示。其他选项参数可以保持默认值，也可以按照需要自行设置。单击"确定"按钮返回视图。将鼠标置于体量模型面上，高亮显示面轮廓线，效果如图7-13所示。单击"创建系统"按钮，效果如图7-15所示。

图 7-4　选择"体量和场地"选项卡

图 7-5　"内建体量"按钮

图 7-6　为项目命名

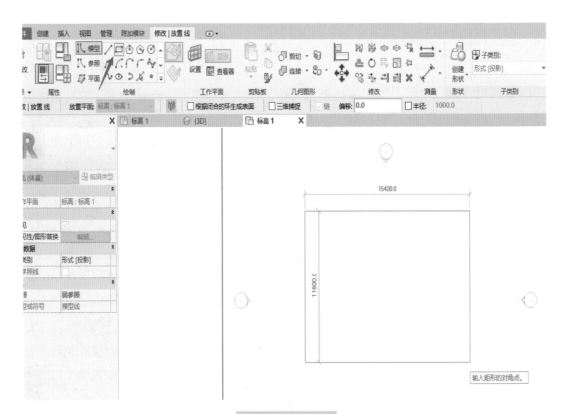

图 7-7　建立矩形

图 7-8　选择矩形

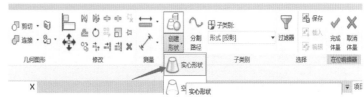

图 7-9　选择"实心形状"选项

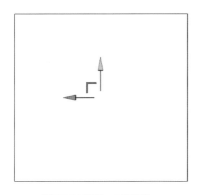

图 7-10　生成图形

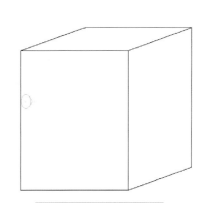

图 7-11　生成体量模型

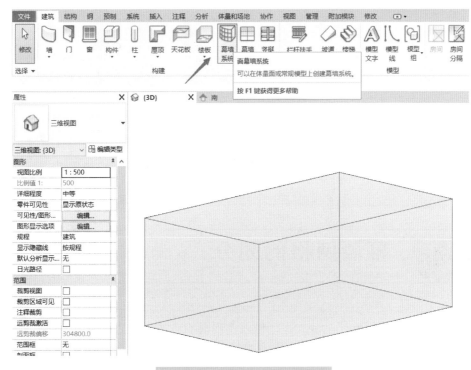

图 7-12　选择"幕墙系统"命令

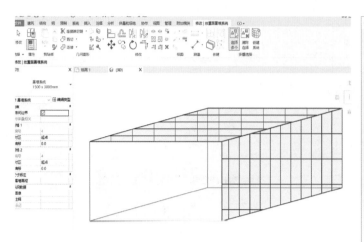

图 7-13 创建幕墙系统

图 7-14 编辑属性

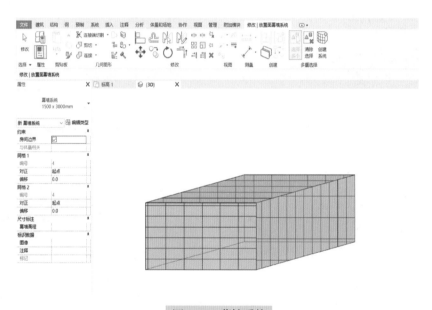

图 7-15 幕墙系统

7.4 幕墙网格的划分

Revit软件自带幕墙网格功能，用于创建不规则的幕墙。在"建筑"选项卡"构建"面板中选择"幕墙 网格"命令，如图7-16所示，进入"修改 | 放置 幕墙网格"上下文选项卡，单击"放置"面板上的"全部分段"按钮，如图7-17所示，将鼠标置于幕墙上轮

廓线中点，单击放置垂直网格线，如图7-18所示。用户还可以自行设定网格划分的参数和划分位置，如图7-19所示。

图 7-16　选择"幕墙网格"命令

图 7-17　划分线段

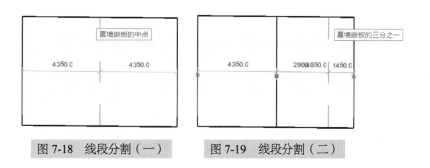

图 7-18　线段分割（一）　　图 7-19　线段分割（二）

同时，用户还可以根据需要自行设置参数进行线段的划分，单击"放置"面板上的"段"按钮，然后将鼠标放置在墙线上，如图7-20所示。

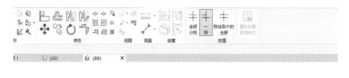

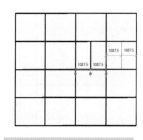

图 7-20　放置预览效果

7.5 添加竖梃

上一节介绍了创建幕墙网格的方法。本节以网格线为基础，介绍为幕墙创建竖梃的方法。与创建幕墙网格相同，Revit软件内部自带"竖梃"命令，可以用于不规则或个性化的幕墙竖梃。在"建筑"选项卡"构建"面板中选择"竖梃"选项，如图7-21所示，进入"修改 | 放置 竖梃"上下文选项卡，在"放置"面板中选择"网格-线"命令，如图7-22在和图7-23所示。

图 7-21 选择"竖梃"选项

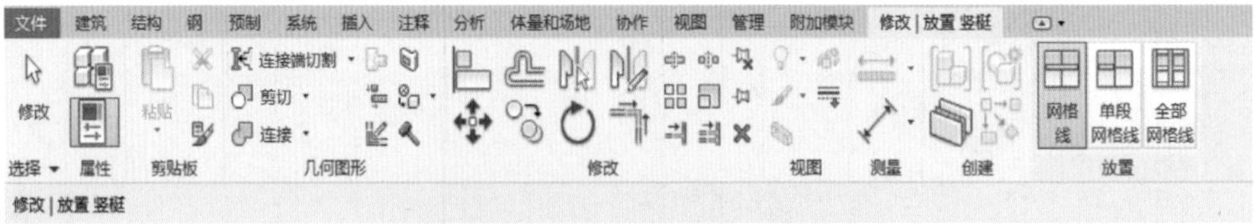

图 7-22 选择"网格 - 线"命令

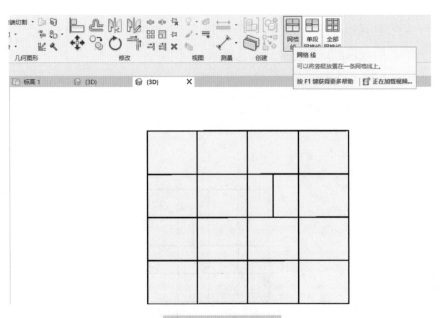

图 7-23 划分网格线

将鼠标放置在网格线上，单击鼠标，便可在网格线上添加竖梃，效果如图7-24所示。另外，用户还可以在"放置"面板中选择"单段网格线"命令，创建效果如图7-25所示。

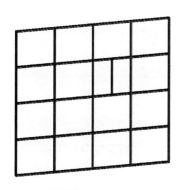

图 7-24 添加竖梃

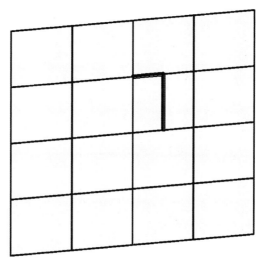

图 7-25 单段网格线

7.6 添加幕墙门窗

根据前面章节的介绍，首先对幕墙网格进行划分，将幕墙分割为多块嵌板（图7-26）。

按住Tab键，选择需要进行替换的嵌板，如图7-27所示。

选中嵌入的嵌板后，在"属性"面板中

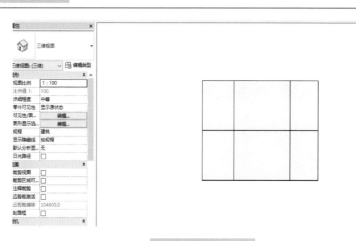

图 7-26 分割幕墙

单击"编辑类型"按钮，如图7-28所示。在弹出的"类型属性"对话框中单击"载入"按钮，如图7-29所示。系统将弹出"打开"对话框，在对话框中依次打开"建筑"→"幕墙"→"门窗嵌板"文件夹，在列表框中选择所需要添加的门嵌板，如选择"门嵌板_双开门1"，然后单击"打开"按钮，如图7-30所示。"门嵌板_双开门1"嵌入后的效果如图7-31所示。窗嵌板的嵌入方法和门嵌板的嵌入方法大致相同。

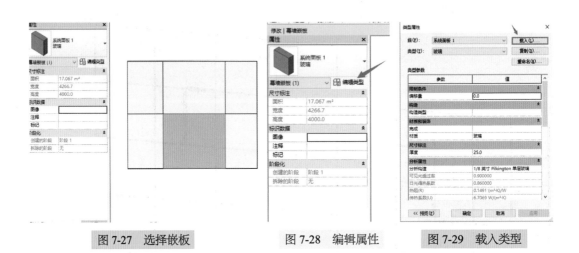

图 7-27　选择嵌板　　　　图 7-28　编辑属性　　　　图 7-29　载入类型

图 7-30　选择载入类型　　　　图 7-31　嵌入效果

创建幕墙时，若复制一种幕墙类型，如嵌入式幕墙，在"类型参数"列表中勾选"自动嵌入"选项后，幕墙会类似门窗镶嵌到墙中，同样可以添加幕墙网格与竖梃，如图7-32所示。

因此，可以利用幕墙创建复杂的门窗，创建完成后只需要修改类型名称即可。幕墙门窗的高度可以通过墙体顶部偏移的方式设置，效果如图7-33所示。

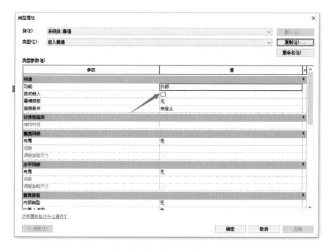

图 7-32　幕墙属性

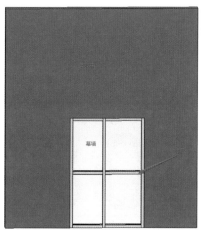

图 7-33　幕墙效果

章节练习

1. 幕墙有哪几类？

2. 创建一个长度为2 800 mm，高度为2 000 mm的幕墙，并添加图7-23所示的网格线和竖梃，各网格线间距相等，并将任意一块嵌板替换为单扇窗。

第1章　第2章　第3章　第4章　第5章　第6章　第7章　第8章　第9章　第10章　第11章　第12章　第13章　第14章

CHAPTER

08

第 **8** 章

楼　板

8.1 楼板构造

楼板是建筑设计中常用的建筑构件，用来分隔建筑各层空间。Revit软件提供了三种楼板创建功能，即楼板、结构楼板和面楼板。面楼板需要在概念体量的基础上创建，结构楼板方便布置钢筋及进行相关受力分析。楼板与结构楼板用法大致相同。使用Revit软件功能区的楼板创建功能，可以创建任何形式的楼板。创建时只需要在楼层平面视图中绘制楼板轮廓边缘草图，即可生成所需构造楼板模型。

8.2 创建楼板

预先完成墙的创建之后（图8-1），在"建筑"选项卡"构建"面板中选择"楼板：建筑"命令，如图8-2所示，进入"修改│创建楼层边界"上下文选项卡，如图8-3所示；在该上下文选项卡"绘制"面板中选择"拾取墙"命令，如图8-4所示；指定所需的绘制方式，其他参数保持默认值；沿着外墙体，单击墙的外轮廓线，效果如图8-5所示；单击"完成编辑模式"按钮，如图8-6所示。绘制完成的楼板平面图效果如图8-7所示，三维视图效果如图8-8所示。

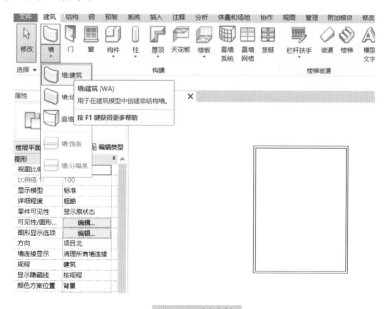

图 8-1　创建墙

图 8-2　选择楼板

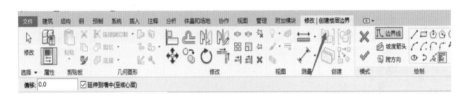

图 8-3　创建楼板

图 8-4　拾取墙

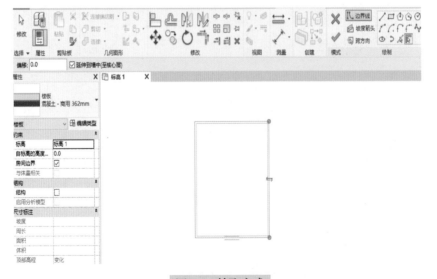

图 8-5　拾取完成

图 8-6　完成创建

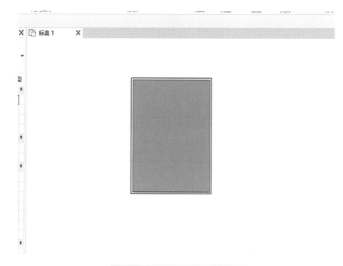

图 8-7　楼板平面图效果

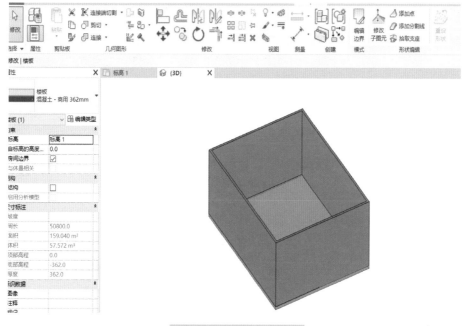

图 8-8　楼板三维图效果

8.3 创建项目楼板

以项目中"一层平面图"→"一层厨房/卫生间大样"为例，如图8-9所示。在"建筑"选项卡"构建"面板中选择"楼板：建筑"命令，进入"修改|创建楼层边界"上下文选项卡；在该上下文选项卡"绘制"面板中选择"矩形"命令，如图8-10所示；指定左边（或者右边）为外墙起点，如图8-11所示；单击另外一个外墙角点，沿外墙绘制闭合轮廓线，效果如图8-12所示。绘制完成，在"属性"面板中将"标高"设置为"标高1"，将"自标高的高度偏移"设置为0，如图8-13所示；单击"完成编辑模式"按钮，在弹出的提示框中单击"不附着"按钮，如图8-14所示。绘制完成的楼板平面图效果如图8-15所示，三维图效果如图8-16所示。

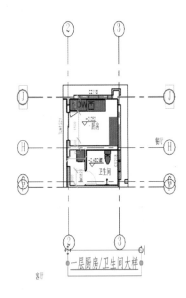

图 8-9　选择平面图

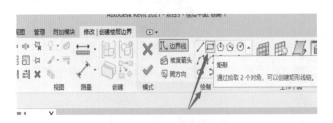

图 8-10　选择"矩形"命令

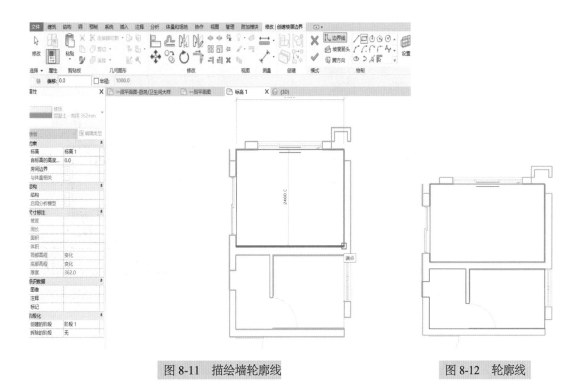

图 8-11　描绘墙轮廓线　　　　　　　　　　图 8-12　轮廓线

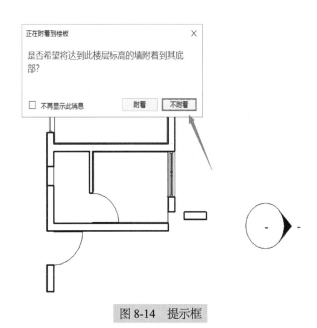

图 8-13　设置参数　　　　　　　　　　　　图 8-14　提示框

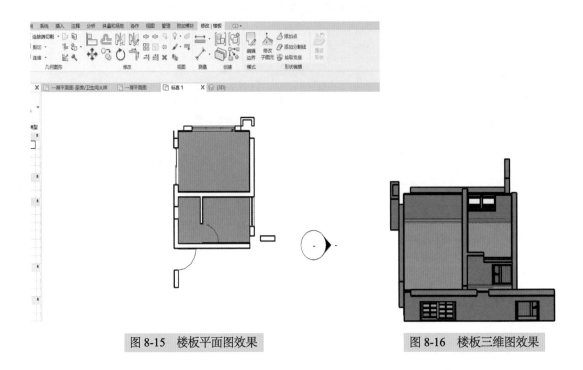

图 8-15　楼板平面图效果　　　　　图 8-16　楼板三维图效果

章节练习

　　1．熟练掌握创建楼板的方法，能灵活应用拾取线进行创建绘制。

　　2．创建一个长宽分别为3 000 mm、4 000 mm的楼板，并命名为"卫生间楼板"，将标高降低50 mm，核心层的材质及厚度自定义。

CHAPTER

09

第 9 章

屋 顶

屋顶是建筑的重要组成部分。Revit软件提供了多种建模工具，如迹线屋顶、拉伸屋顶、面屋顶、玻璃斜窗等创建屋顶的常规工具。另外，对于一些特殊造型的屋顶，还可以通过内建模型工具创建。

9.1 屋顶的构造

在"建筑"选项卡"构建"面板中单击"屋顶"按钮，在下拉菜单中选择"迹线屋顶"选项，如图9-1所示。在"属性"面板中单击"编辑类型"按钮，在弹出的"类型属性"对话框中单击结构处的"编辑"按钮，在弹出的"编辑部件"对话框中可进行"功能""材质""厚度"的设置，如图9-2所示。

图 9-1 屋顶类型

在"编辑部件"对话框中单击"结构"旁的下拉菜单按钮，在弹出的下拉选项中可选择新功能类型，如图9-3所示。

图 9-2 "编辑部件"对话框（一）

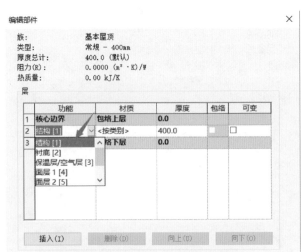

图 9-3 "编辑部件"对话框（二）

单击"材质"旁的"浏览"按钮，在弹出的"材质浏览器"对话框中选择需要的材质类型，如9-4所示。

在结构功能后面的"厚度"文本框输入相应数据可设置构造层厚度，如图9-5所示。

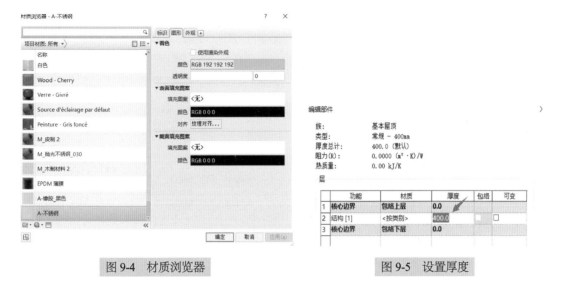

图 9-4 材质浏览器   图 9-5 设置厚度

9.2 创建项目屋顶

打开"三层别墅.rvt"文件，在"项目浏览器"中双击"楼层平面"菜单下的"屋顶平面图"选项，打开屋顶平面视图，如图9-6所示。在"建筑"选项卡"构建"面板中单击"屋顶"按钮，在下拉列表中选择"迹线屋顶"选项，如图9-7所示。

在"属性"面板中单击"编辑类型"按钮，如图9-8所示。

图 9-6 项目浏览器   图 9-7 迹线屋顶   图 9-8 编辑类型

在弹出的"类型属性"对话框中将类型重命名为"灰褐色石板瓦-屋面",如图9-9所示。

单击"类型参数"列表框中结构处的"编辑"按钮,在弹出的"编辑部件"对话框中将"厚度"改为"20",将"材质"改为"灰褐色石板瓦-屋面",如图9-10所示。

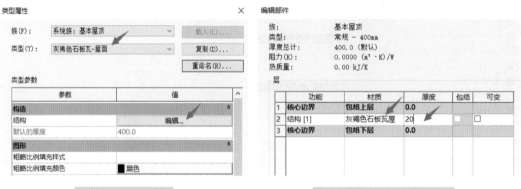

图9-9 类型属性　　　　　　　　　图9-10 设置材质、厚度

在"修改|创建屋顶迹线"上下文选项卡"绘制"面板中单击"拾取线"按钮,拾取屋顶线,逐步勾选完成后如图9-11所示。

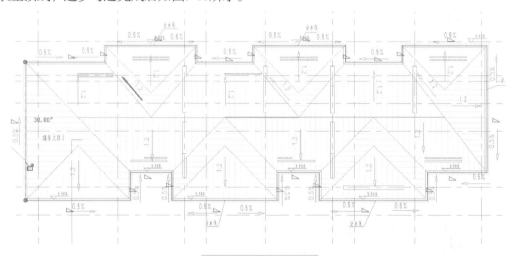

图9-11 拾取屋顶线

在依次拾取完成墙体线后,表面生成屋顶轮廓边缘线,使用修剪工具使边界线首尾相连,在选项栏中取消勾选"定义坡度"复选框,如图9-12所示;单击"修改|创建屋顶迹线"上下文选项卡中的"完成编辑模式"按钮,完成屋顶创建,如图9-13所示。

在"修改|屋顶"上下文选项卡中单击"修改子图元"→"形状编辑"面板中的"添加分割线"按钮,将所需的点连接后如图9-14所示;再单击"添加点"按钮,选取图9-15所示的点,并在选项栏中"高程"处输入"1 600",如图9-16所示。屋顶效果如图9-17所示。

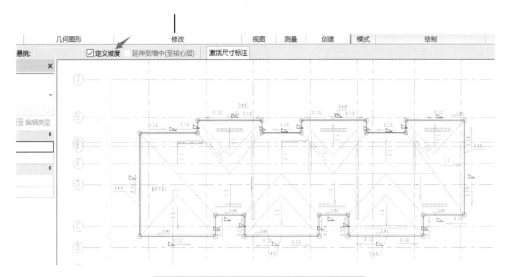

图 9-12　取消勾选"定义坡度"复选框

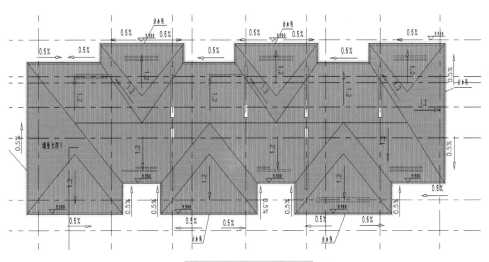

图 9-13　屋顶创建完成

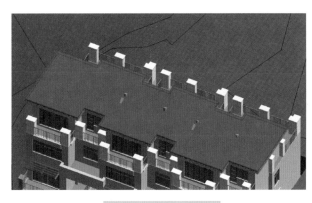

图 9-14　添加分割线

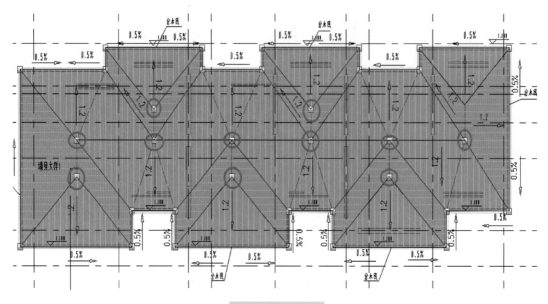

图 9-15　添加点

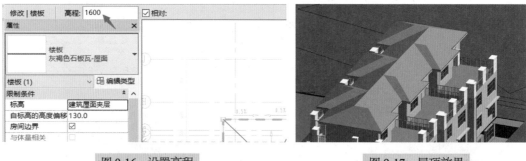

图 9-16　设置高程　　　　　　　图 9-17　屋顶效果

1. 屋顶的创建有哪几种方法？

2. 运用迹线屋顶的绘制方法创建图9-11所示的屋顶并命名，核心层材质和厚度、尺寸自定义，将坡度设置为25°。

CHAPTER

10

第 10 章

楼梯和坡道

本章采用功能命令和案例讲解相结合的方式，详细介绍楼梯和坡道的创建与编辑的方法。

10.1 楼梯

10.1.1 按草图绘制楼梯

打开Revit软件，在"建筑"选项卡"楼梯坡道"面板"楼梯"下拉菜单中可以选择"楼梯（按构件）""楼梯（按草图）"选项进行楼梯的创建。

选择"楼梯（按草图）"选项，进入草图编辑模式，系统自动切换至"修改｜创建楼梯草图"上下文选项卡。在"属性"面板中单击"编辑类型"按钮，在弹出的"类型属性"对话框中可以设置楼梯的类型及各参数，如图10-1所示。

图 10-1 设置楼梯参数

在参数设置完成后，将鼠标移动到绘图区域，单击楼梯的初始位置，拖动鼠标，进行楼梯的绘制，如图10-2所示。

完成部分草图后继续绘制楼梯，直至将踢面绘制完成，则楼梯草图绘制完成，如图10-3所示。

图 10-2 绘制楼梯草图

图 10-3 楼梯草图绘制完成

选择"修改 | 创建楼梯草图"上下文选项卡中的"栏杆扶手"选项，系统弹出图10-4所示的"栏杆扶手"对话框，在此对话框中进行栏杆扶手的类型和放置位置设置。

单击完成草图编辑模式，楼梯创建完成，切换到三维视图中查看，如图10-5所示。

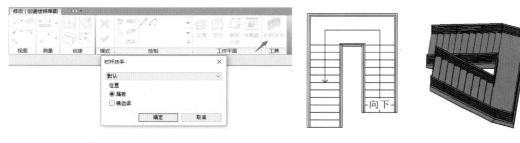

图 10-4　"栏杆扶手"对话框　　　　图 10-5　楼梯创建完成

10.1.2　创建项目楼梯

打开"三层别墅.rvt"文件，在"项目浏览器"中双击"楼层平面"菜单下的"负一层平面图"选项，进入负一层平面视图。

在"建筑"选项卡"楼梯坡道"面板"楼梯"下拉列表中选择"楼梯（按构件）"选项，在"属性"面板"类型选择器"中选择"组合楼梯"选项，单击"编辑类型"按钮，在弹出的"类型属性"对话框中按图10-6所示修改参数值。

在"属性"面板中将"顶部标高"设置为"建筑一层"，将"所需踢面数"设置为"18"，将"实际踏板深度"设置为"250"，如图10-7所示，删除楼梯靠墙一侧的扶手。

图 10-6　设置楼梯类型属性

图 10-7　"属性"面板

　　按以上步骤进行楼梯的创建，选择楼梯创建的起始位置，完成负一层楼梯的创建，如图10-8所示。

　　在"项目浏览器"中双击"楼层平面"菜单下的"一层平面图"选项，进入一层平面图视图，按之前的步骤，在"建筑"选项卡"楼梯坡道"面板中单击"楼梯（按构件）"按钮，进入楼梯的创建，按图10-9所示设置"属性"面板中的实例参数及类型。单击"编辑类型"按钮，进入"类型属性"对话框，在该对话框中将各参数按图10-10所示进行设置。

　　完成上述设置后，在需要创建楼梯的位置，选择楼梯的起始位置，并按照图纸进行绘制，完成后效果如图10-11所示。

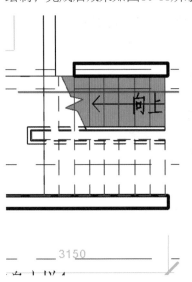
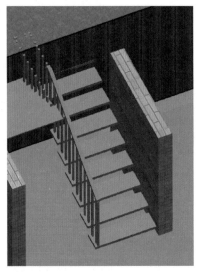

图 10-8　创建负一层楼梯　　　　　　　　　　　图 10-9　"属性"面板

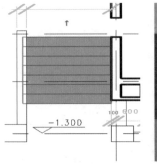

图 10-10　设置楼梯类型属性　　　　　　图 10-11　一层楼梯的创建效果

　　按相同的步骤进行二层、三层楼梯的设置，相关参数分别如图10-12、图10-13所示。

图 10-12　"属性"面板　　　　　图 10-13　设置楼梯类型属性

在完成负一层、一层、二层和三层楼梯的创建后，在"项目浏览器"中双击"楼梯A-A剖面"选项，查看创建的楼梯，如图10-14所示。

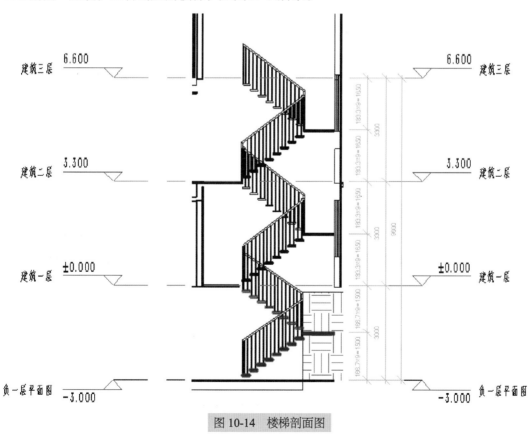

图 10-14　楼梯剖面图

第1章　第2章　第3章　第4章　第5章　第6章　第7章　第8章　第9章　第10章　第11章　第12章　第13章　第14章

10.2 坡道

在"建筑"选项卡"楼梯坡道"面板中单击"坡道"按钮，在"属性"面板中单击"编辑类型"按钮，在弹出的"类型属性"对话框中可进行坡道参数的设置，如图10-15所示。

完成坡道参数设置后，在"修改｜创建坡道草图"上下文选项卡"绘制"面板中单击"梯段"按钮，有两种绘制方式，一种为"直线"绘制，对应生成的坡道为直线型坡道；另一种为"圆点-端点弧"绘制，对应生成的坡道为环形坡道，

以"直线"绘制坡道为例，在绘图区域任意位置单击鼠标作为坡道的起点，再拖动鼠标到坡道的末端，单击鼠标，坡道草图绘制完成，如图10-16所示。

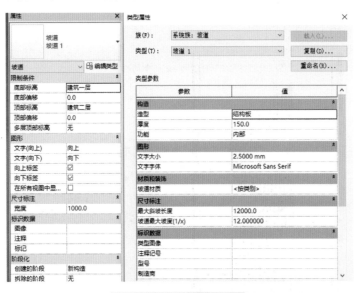

图 10-15 设置坡道参数

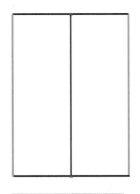

图 10-16 坡道草图

单击"工具"面板中的"栏杆扶手"按钮，弹出图10-17所示的对话框。在弹出的"栏杆扶手"对话框中选择扶手类型，单击"确定"按钮退出。

单击"完成编辑模式"按钮，完成坡道绘制，如图10-18所示。

图 10-17 "栏杆扶手"对话框

图 10-18　坡道绘制完成（一）

创建坡道时还可以自由编辑成闭合的边界，但是只能存在两个踢面。

在"建筑"选项卡"楼梯坡道"面板中单击"坡道"按钮，在"修改｜创建坡道草图"上下文选项卡"绘制"面板中单击"梯段"中的"直线"按钮，绘制出坡道草图，将坡道草图中的两条边界线删除，如图10-19所示，再单击"边界"→"起点-终点-半径弧"按钮，选择弧的起始点，完成一边扶手的创建，如图10-20所示。接下来用鼠标将已完成的扶手全选，在"修改｜创建坡道草图"上下文选项卡"修改"面板中单击"镜像"按钮，鼠标箭头的右下角会出现"镜像"图标，单击坡道中间的线段，另一侧的扶手创建完成，如图10-21所示。

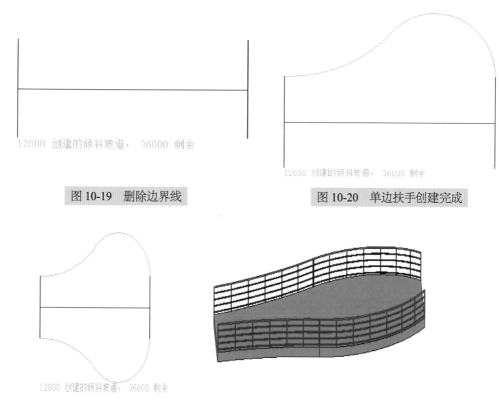

图 10-19　删除边界线　　　　　　　图 10-20　单边扶手创建完成

图 10-21　坡道创建完成（二）

完成坡道创建后，单击"属性"面板中的"编辑类型"按钮，在弹出的"类型属

107

性"对话框中可进行"造型""厚度"等参数的编辑。在"造型"中，只有"结构板"可以进行"厚度"的编辑，实体类型不可以编辑厚度。图10-22所示为实体造型和结构板造型。另外，还可以编辑坡道的厚度，数值越小坡度越大，如图10-23所示。

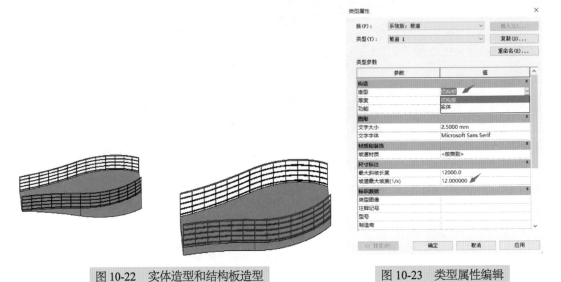

图 10-22 实体造型和结构板造型　　　　图 10-23 类型属性编辑

章节练习

1．熟练掌握楼梯和坡道的绘制方法，并正确设置各参数。

2．设置图10-7所示的楼梯参数，根据图10-8所示的平面图进行楼梯的创建。

3．创建一个长度为6 000 mm的坡道，根据图10-19所示进行单边扶手的绘制，尺寸弧度自定义，并将坡道造型设置为实体，其余参数自定义。

CHAPTER

11

第 11 章

场 地

11.1　地形表面

选择"体量和场地"选项卡"场地建模"面板中的"地形表面"工具，如图11-1所示。

图 11-1　"地形表面"工具

在弹出的"修改 | 编辑表面"上下文选项卡"工具"面板中选择"放置点"工具，在选项栏中设置"高程"值为"-500"，高程形式为"绝对高程"，即将要放置点的高程的绝对标高设置为-0.5 m，如图11-2所示。

图 11-2　放置点及高程设置

在建筑四周单击鼠标，放置高程点，将在四个地形点范围内创建标高为-500的地形表面，如图11-3所示。

图 11-3　创建地形

单击"属性"面板中"材质"后的"浏览"按钮，在弹出的"材质浏览器"中选择需要的场地材质，如图11-4所示。

最后效果如图11-5所示。

图 11-4　场地材质编辑　　　　　　图 11-5　场地效果

通过导入数据可以创建地形表面，需要先导入已经创建好的DWG格式（即CAD）文件，选择"插入"选项卡"导入"面板中的"导入CAD"命令，如图11-6所示。

图 11-6　"导入 CAD"命令

在弹出的"导入CAD"对话框底部可以设置"导入单位""定位""放置于"和"图层/标高"，如图11-7所示。单击"打开"按钮，导入DWG文件。

图 11-7　"导入 CAD"对话框

11.2　建筑场地

11.2.1　子面域

如图11-8所示，切换至场地楼层平面视图，选择"体量和场地"选项卡"修改场地"面板中的"子面域"选项，进入图11-9所示的界面。

图 11-8　"子面域"选项

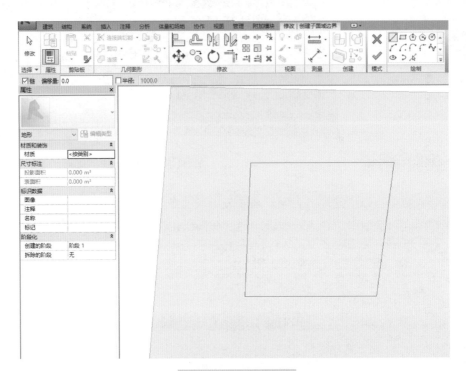

图 11-9　子面域界面

　　使用绘图工具，配合使用拆分及修剪工具，使子面域边界轮廓首尾相连，以此绘制子面域边界，然后在"属性"面板中将材质修改为所需要的材质（如混凝土、砖石）。单击"应用"按钮以完成该设置，如图11-10所示。

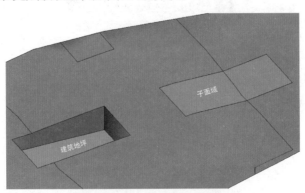

图 11-10　子面域 - 建筑地坪

（1）子面域：可以完全贴合地形表面进行起伏变化，可用于创建道路。

（2）建筑地坪：在地形表面上的一块区域都是同一高程，可用于对地下室的场地进行修整。

11.2.2　场地平整

（1）选择"体量和场地"选项卡"修改场地"面板中的"建筑红线"工具，如图11-11所示。

（2）在弹出的"创建建筑红线"对话框中选择"通过绘制来创建"选项，进入创建建筑红线草图模式，如图11-12所示。

图 11-11　　"建筑红线"工具

图 11-12　　"创建建筑红线"对话框

（3）依次单击需要绘制的区域，绘制封闭的建筑红线，单击"模式"面板中的"完成编辑模式"按钮，完成建筑红线的编辑，如图11-13所示。

（4）完成后效果如图11-14所示。

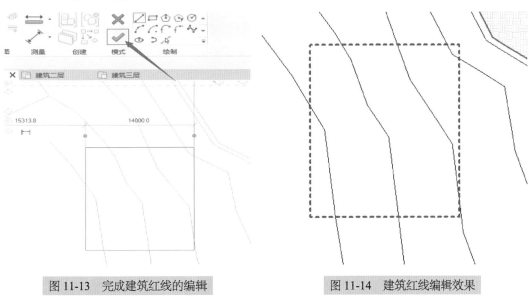

图 11-13　完成建筑红线的编辑

图 11-14　建筑红线编辑效果

（5）选择"体量和场地"选项卡"修改场地"面板中的"平整区域"工具，如

图11-15所示。

图 11-15　"平整区域"工具

（6）在弹出的"编辑平整区域"对话框中选择"仅基于周界点新建地形表面"选项，如图11-16所示。

（7）单击拾取地形表面图元，并沿所拾取地形表面边界位置生成新的高程点，如图11-17所示。

（8）框选各个高程点，修改"属性"面板中的"立面"高程与建筑红线的形状完全一致。按两次Esc键退出当前选择集，单击"完成编辑模式"按钮，完成场地平整，如图11-18所示。

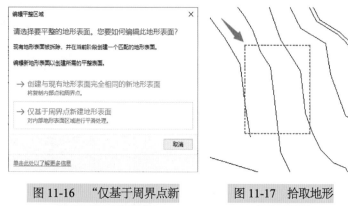

图 11-16　"仅基于周界点新　　图 11-17　拾取地形
建地形表面"选项　　　　　　　表面图元

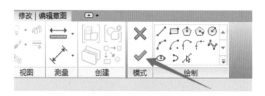

图 11-18　完成场地平整

章节练习

1．熟练掌握"体量与场地"选项卡中各功能的应用，根据项目需求，使用最合理的功能进行创建。

2．创建任意地形表面，并设置相应的高程，在所创建的地形表面上创建"建筑地坪"和"子面域"，尺寸都设置为3 000 mm×5 000 mm，建筑地坪的标高为-1 000 mm。

CHAPTER

12

第 12 章

统 计

12.1　Revit 软件统计分类

　　Revit软件根据创建明细表类型的不同，可分为明细表/数量、图形柱明细表、材质提取、图纸列表、注释块和视图列表几大类，如图12-1所示。

图 12-1　统计分类

12.2　明细表的特点

　　明细表是指可以在图形中插入，用以列出建筑模型中的选定对象相关信息的表。对象由包含数据的特性构成。明细表标记提供了一种高效的工具，用于收集附着于对象的特性数据，并在明细表中显示。明细表以表格形式显示信息，这些信息是从项目中的图元属性中提取的。用户可以在设计过程中的任何时候创建明细表。对项目的修改会影响明细表，明细表将自动更新以反映这些修改。用户可以将明细表导出到其他软件程序中，还可以使用Revit软件提供的默认工具生成基本明细表。在执行更复杂的任务（如在项目中创建自己的明细表、分类或使用公式）前，很重要的一点是了解特性数据、特性集和特性集定义是如何交互的。

12.3 明细表统计

下面以数量明细表为例，说明明细表的创建方法。

在"视图"选项卡"创建"面板"明细表"下拉菜单中单击"明细表/数量"按钮，如图12-2所示。

执行上述操作后，系统弹出图12-3所示的"新建明细表"对话框。在该对话框中可以选择明细表统计类别，单击"过滤器列表"后的下三角按钮，在下拉列表中勾选所需创建选项类别所属专业名称前面的复选框，选中类别后可在"名称"文本框中修改名称，在"名称"下方有"建筑构件明细表"和"明细表关键字"两个选项。其中，"建筑构件明细表"是软件根据当前所创建的建筑模型几何图形提取出来的信息；而"明细表关键字"类似于构件明细表，创建关键字时，关键字会作为图元的实例属性列出，当应用关键字的值时，关键字的属性将应用到图元中。

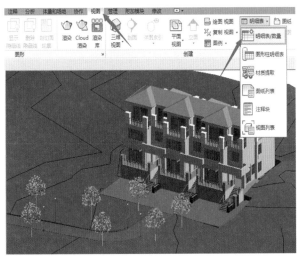

图 12-2 明细表

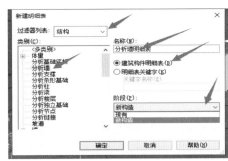

图 12-3 "新建明细表"对话框

在图12-3所示的"阶段"下拉列表中选择"新构造"选项，单击"确定"按钮，系统弹出图12-4所示的"明细表属性"对话框，其中有5个参数选项卡可分别对明细表的属性进行设置。

"字段"选项卡：双击左侧文本框中的数据添加到右侧文本框中，若添加错误可以单击"删除"按钮从右侧文本框中删除（图12-5）。

"过滤器"选项卡：可以选择通过条件来得到想要的数据，例如：图12-6所示表示只需底部标高为1F上的结构柱，则Revit软件会自动筛选底部标高在1F上的结构柱。

"排列/成组"选项卡：通常选择用族与类型进行排列，若需要统计同类型的构件，则勾选"总计"选项，取消勾选"逐项列举每个实例"选项即可得到。

"格式"选项卡：可根据项目需求自定义标题命名及其他对齐方式等，通常也会勾选"计算总数"复选框，以更快地得到想要的数据。

"外观"选项卡：根据需求进行自行调整，如表格的美化等。

图 12-4　"明细表属性"对话框

图 12-5　字段编辑

图 12-6　"过滤器"选项卡

1. "字段"选项卡

在"可用的字段"列表框中选中字段名称，然后单击"添加"按钮，则选中的字段将添加到"明细表字段"列表框中。字段在"明细表字段"列表框中的顺序，就是它们在明细表中的显示顺序。从"明细表字段"列表中选择该名称并单击"删除"按钮，即可从"明细表字段"列表中删除该名称；选择该字段，然后单击"上移"或"下移"按钮，则列表中的字段将上移或下移。单击"添加参数"按钮，在弹出的"参数属性"对话框中选择是添加项目参数还是共享参数，添加自定义字段。选择该字段，然后单击"编辑"按钮。在弹出的"参数属性"对话框中输入该字段的新名称。单击"删除"按钮可以删除自定义字段。单击"计算值"按钮，在弹出的"计算值"对话框中输入该字段的名称，设置其类型，然后对其输入使用明细表中现有字段的公式。例如，如果要根据房间面积计算占用负荷，可以添加一个根据"面积"字段计算而来的称为"占用负荷"的自定义字段；"公式"支持和族编辑器中一样的数学功能，创建一个从公式计算其值的字段；单击"计算值"按钮，输入该字段的名称，将其类型设置为"百分比"，然后输入要取其百分比字段的名称。默认情况下，"百分比"是根据整个明细表的总数计算的。如果在"排序/成组"选项卡中设置成组字段，则可以选择此处的一个字段。例如，如果按楼层对房间明细表进行成组，则可以显示该房间占楼层总面积的百分比，创建一个字段并使其为另一字段的百分比。单击"房间"作为"从下面选择可用字段"。该操作会将"可用的字段"列表框中的字段列表修改为房间参数列表。然后，即可将这些房间参数添加到"明细表字段"列表中，将房间参数添加到元房间明细表中。勾选"包含链接中的图元"选项，包含链接模型中的图元，如图12-5所示。

2. "过滤器"选项卡

"过滤器"选项卡如图12-6所示，可选择需要过滤的选项。

3. "排序/成组"选项卡

选择"排序/成组"选项卡，即可对明细表进行排序编辑，如图12-7所示。选择第一个排序方式为按类型、升序，若创建的明细表排序或成组不理想，还可以继续设置其他排序方式，一次性可设置4种排序方式，但是优先级有差别。取消勾选"逐项列举每个实例"复选框，也可以勾选"总计"复选框，还可以在创建完成后再修改。

4. "格式"选项卡

选择"格式"选项卡，即可对明细表进行格式编辑，如图12-8所示。在该选项卡中，可逐一单击左边字段框中的每一个字段，然后在右边设置新标题，并在下方的"标题方向"和"对齐"选项下拉列表中选择合适的选项，用来设置明细表数据对齐方式，其余的可以选择默认值。

图 12-7　排序编辑

图 12-8　格式编辑

5. "外观"选项卡

选择"外观"选项卡，即可对明细表外观进行编辑，如图12-9所示。在该选项卡中，勾选"网格线"和"轮廓"复选框，分别在下拉列表中选择相应的线型，取消勾选"数据前的空行"复选框；在下面的"文字"选项区域，勾选"显示标题"和"显示页眉"复选框，然后设置"标题文本""标题""正文"的文字样式和大小。

完成所有选项卡中的设置后，单击"确定"按钮，Revit软件会自动生成明细表，如图12-10所示。

创建明细表后还可以对明细表进行调整，使其达到美观、合适的效果。明细表主要通过明细表属性及明细表修改工具进行修改。

在"项目浏览器"中双击"明细表/数量"菜单下刚刚创建的"门明细表2"选项，即可跳转到"修改明细表/数量"上下文选项卡，如图12-11所示。在该选项卡中可以对明细表的外观、格式等再次进行调整，同时，还可以使用之前介绍过的过滤器过滤掉不需要的内容。

（1）"修改明细表/数量"上下文选项卡"参数"面板中各工具的用途：

设置单位格式：用于指定明细表中每列数据的单位显示格式。

计算：将计算公式添加到明细表单元格式中。

图 12-9　外观编辑

<门明细表 2>			
A	B	C	D
标高	高度	宽度	防火等级
负一层平面图	2200	2100	
负一层平面图	2200	2100	
负一层平面图	2200	2100	
建筑一层	2100	800	
建筑一层	2100	800	
建筑一层	2100	800	
建筑一层	2100	800	
建筑一层	2100	900	
建筑一层	2100	900	
建筑一层	2100	1500	
建筑一层	2100	1500	
建筑一层	2100	1500	
建筑一层	2200	1200	
建筑一层	2200	1200	
建筑一层	2200	1200	
建筑二层	2100	800	
建筑二层	2100	800	
建筑二层	2100	900	
建筑二层	2100	900	
建筑二层	2100	900	
建筑二层	2100	900	
建筑二层	2100	900	
建筑二层	2100	800	
建筑二层	2100	800	
建筑三层	2100	800	
建筑三层	2100	900	
建筑三层	2100	900	

图 12-10　门部分明细表

图 12-11　"修改明细表 / 数量"上下文选项卡

（2）"修改明细表/数量"上下文选项卡"列"面板中各工具的用途：

插入：单击"插入"按钮，系统将弹出图12-12所示的"选择字段"对话框。在该对话框中可以继续在"明细表字段"框中添加新的字段。

图12-12　"选择字段"对话框

删除：单击删除当前选定的列。

调整：调整当前指定列的表格宽度。

隐藏：单击隐藏当前指定的列。

取消全部隐藏：单击将显示明细表中所有的隐藏列。

（3）"修改明细表/数量"上下文选项卡"行"面板中各工具的用途：

插入：在当前选定的单元格或行的正上方或正下方插入一行。

删除：删除明细表中一个或多个选定的行。

调整：调整当前指定行的表格高度。

（4）"修改明细表/数量"上下文选项卡"标题和页眉"面板中各工具的用途：

合并/取消合并：将多个单元格合并为一个，或者将合并的单元格拆分为原始状态。

插入图像：从文件中插入相关图像到指定的位置上。

消除单元格：删除选定页眉单元的文字和参数关联。

成组：为明细表中的选定几列的页眉创建新的标题。

解组：删除在将两个或更多列标题组成一组时所添加的列标题。

（5）"修改明细表/数量"上下文选项卡"外观"面板中各工具的用途：

着色：为选定的单元格指定背景颜色。

边界：为选定的单元格范围指定线样式和边框。

重设：删除与选定单元关联的所有格式。

字体：修改字体属性。

通过使用上述明细表的相关修改工具，可以对明细表进行多方面的修改，并导出TXT文档进行保存。

章节练习

1．熟练掌握明细表的创建方法。

2．根据所创建的项目进行明细表的创建，统计何种构件自定义。

第 13 章

建筑表现

13.1 材质与建筑表现

在"管理"选项卡"设置"面板中选择"材质"选项，如图13-1所示，系统将弹出图13-2所示的"材质浏览器"对话框，即可对材质进行编辑、复制、重命名、删除和添加到收藏夹等操作。

图 13-1　"材质"选项

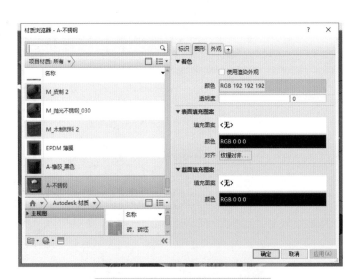

图 13-2　"材质浏览器"对话框

13.2 透视图的创建

13.2.1 透视图的特点

透视图的特点主要是具有灵活性。透视图是通过放置在视图中的相机来创建的，放置相机的位置可以是视图中的任何位置，还可以使用偏移和标高选项来指定透视图。

13.2.2　透视图的创建与调整

在相关平面视图中，选择"视图"选项卡"创建"面板"三维视图"下拉菜单中的"相机"选项，如图13-3所示。在选项栏中设置相关的参数，如图13-4所示。

图13-3　"相机"选项

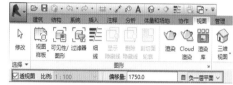

图13-4　选项栏参数设置

若取消勾选"透视图"复选框，则创建的视图是正交三维视图而非透视图。设置自标高的偏移量值，确定相机的位置高度。

将鼠标光标移动至绘图区域，相机缩略图随着鼠标光标的移动而移动，在鼠标光标位置处单击以放置视点，滑动鼠标，将观察的目标置于相机的视界范围内，再次在鼠标光标位置上单击，Revit软件将自动跳转到新生成的透视图界面，完成透视图的创建。

创建完成后的透视图需要进一步调整才能达到使用或渲染的要求。在软件下方控制栏中对透视图的精细程度及视觉样式进行设置。

13.3　动画漫游的创建

13.3.1　动画漫游的特点

动画漫游可以将创建的漫游导出为AVI文件或图像文件。将漫游导出为图像文件时，漫游的每帧都会保存为单个文件。同时，可以导出所有帧或一定范围的帧。

13.3.2　动画漫游的创建与调整

选择"视图"选项卡"创建"面板"三维视图"下拉菜单中的"漫游"选项，如

图13-5所示。在选项栏中设置相关的参数，如图13-6所示。

图 13-5 "漫游"选项

图 13-6 选项栏参数设置

选项栏设置完成后，将鼠标光标移动至绘图区域中，单击鼠标可依次放置多个漫游关键帧，每单击一次放置一个关键帧。用户可以在任意位置放置关键帧，但在路径创建期间不能修改这些关键帧的位置。路径创建完成后，可以对关键帧进行编辑。

单击刚刚创建完成的漫游路径，在弹出的"修改 | 相机"上下文选项卡中单击"编辑漫游"按钮，在选项栏中将控制编辑模式选择为"活动相机"，在相机处于活动状态且位于关键帧时，可以拖拽相机的目标点和远剪裁平面，如果相机不在关键帧处，则只能修改远剪裁平面。若将选项栏中的控制编辑模式选择为"路径"，则关键帧变为路径上的控制点，可以将关键帧拖拽到所需要的位置上。若将选项栏中的控制编辑模式选择为"添加关键帧"，则可以沿路径放置鼠标光标并单击以添加新的关键帧。若将选项栏中的控制编辑模式选择为"删除关键帧"，则将光标位置放在路径上的现有关键帧上，并删除此关键帧。

激活漫游功能后完成路径的创建，单击"完成漫游"按钮，如图13-7所示。

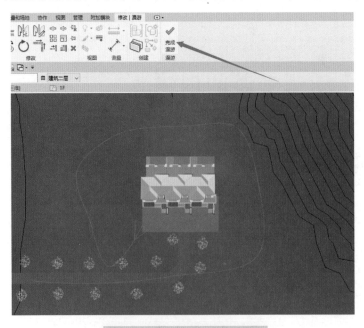

图 13-7 完成漫游路径的创建

当完成后看不见漫游路径时，在"项目浏览器"中找到"漫游"选项，双击进入漫游界面，如图13-8所示。

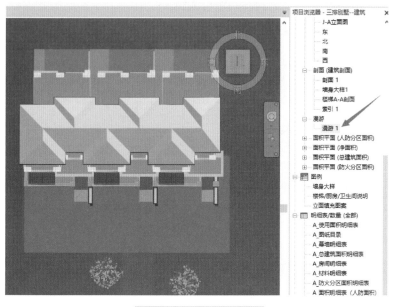

图 13-8　进入漫游界面

用户可以通过绘图区域左下角视图控制栏中的"视觉样式"按钮来调整不同的视觉样式，如图13-9所示。

图 13-9　调整视觉样式

选中外框（若没有外框显示，则在"属性"面板中勾选"裁剪区域可见"和"远裁剪激活"复选框），单击"修改｜相机"上下文选项卡"漫游"面板中的"编辑漫游"按钮，返回三维视图或者平立剖面图中进行编辑。

进入编辑界面后可以进行路径和活动相机的调整及关键帧的添加与删除，如图13-10所示。

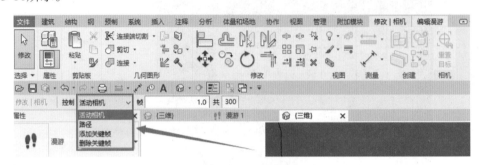

图 13-10 编辑漫游

通过拖动相机来调整关键帧的位置，然后拖动相机前面的小圆点进行角度调整，拖动三角区域最前方的圆点可以进行可见度的调整，如图13-11所示。

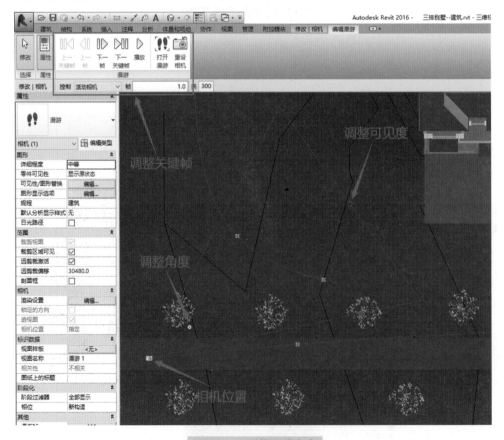

图 13-11 调整漫游角度

当完成后的漫游需要改变高度时，则切换到立面视图中进行高度调整，建议操作漫游过程时平铺此四个视图——三维视图、漫游、平面图、立面图，这样能够快速地进行编辑漫游，如图13-12所示。

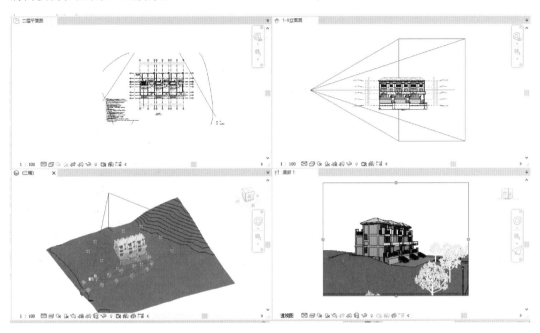

图13-12　编辑漫游界面

13.4 渲染图的创建

13.4.1 Revit 软件的渲染方式

Revit软件的渲染方式可分为单机渲染与云渲染两种。其中，单机渲染指的是通过本地计算机，设置相关渲染参数，进行独立渲染；云渲染也称为联机渲染，可以使用Autodesk360中的渲染从任何计算机上创建真实照片级的图像和全景。

13.4.2 渲染的操作流程

选择"视图"选项卡"图形"面板中的"渲染"选项，如图13-13所示。系统将弹出

图13-13　"渲染"选项

图13-14所示的"渲染"对话框，可对渲染的相关参数进行设置。

"渲染"对话框中各选项的含义如下：

（1）质量：此选项用于设置渲染质量，在文本框下拉列表中可选择相应的渲染质量，如图13-15所示。

①绘图：尽快渲染以得到渲染图像的设置，相对渲染速度最快。

②低：以较高质量快速完成绘图，相对渲染速度较快。

③中：以通常适合演示的质量渲染，相对渲染速度中等。

图 13-14　渲染参数设置

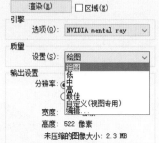

图 13-15　质量设置

④高：以适合大多数演示的高质量渲染，需要的渲染时间长，相对渲染速度最慢。

⑤自定义（视图专用）：需要打开"渲染质量设置"对话框，如图13-16所示，根据自身需求设置需要的渲染质量，同时渲染时间也是变化的。

（2）输出设置：此栏可设置渲染图像的分辨率，需要注意的是，更高的分辨率和更大的图像尺寸将增加渲染时间。

（3）照明：选择所需的设置作为方案，若在下拉菜单中选择了某个使用日光的照明方案，则需要在下方的"日光设置"下拉列表中选择所需的日光位置。在"日光设置"对话框（图13-17）中，可以对模型中的日光方位角、仰角等进行设置。若选择了"仅人造光"方案，也可对人造灯光照明方案进行设置，单击图13-18所示的"人造灯光"按

图 13-16　"渲染质量设置"对话框

图 13-17　"日光设置"对话框

钮，系统弹出图13-19所示"人造灯光"对话框，在该对话框中，可以创建灯光组并将照明设备添加到灯光组中。设置完成后单击"确定"按钮再次返回"渲染"对话框。

（4）背景：用于设置渲染的背景样式，大致可分为天空、颜色和图像三类。

若使用天空和云为背景，则可对云的多少进行选择，如图13-20所示。若选择以颜色为背景，则可以单击图13-21所示按钮，系统会弹出图13-22所示的"颜色"对话框，在该对话框中可以选择所需要的颜色。还可以使用指定的图像为背景，在背景下的"样式"下拉列表中选择"图像"选项，然后单击"自定义图像"按钮，如图13-23所示，系统会弹出图13-24所示的"背景图像"对话框，在该对话框中根据图片保存路径选择相应的图片之后，可以对图片的比例及偏移进行调整，在对话框右边方框内可以对图像进行预览。

图 13-18　照明 - 人造灯光

图 13-19　"人造灯光"对话框

图 13-20　以云为背景

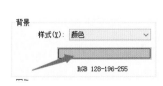

图 13-21　以颜色为背景

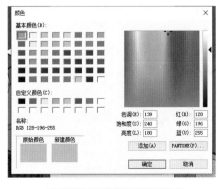

图 13-22　选取背景颜色

图 13-23　以图像为背景

（5）图像：单击"调整曝光"按钮，系统弹出图13-25所示的"曝光控制"对话框，可以对曝光值、高亮显示、阴影、白点、饱和度等进行设置，设置完成后单击"确定"按钮。

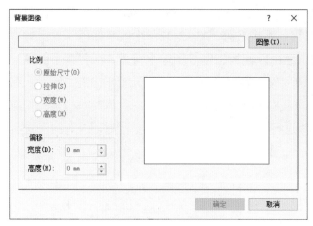

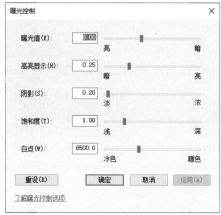

图 13-24　背景图像编辑　　　　　　　　图 13-25　"曝光控制"对话框

（6）渲染：完成上述设置后，返回"渲染"对话框，单击"渲染"按钮开始渲染，完成后可将该图像另存为项目视图保存到项目中。

13.4.3　云渲染的操作流程

（1）选择"视图"选项卡"显示视图"面板中"在云中渲染"选项，如图13-26所示。

图 13-26　"在云中渲染"选项

（2）登录Autodesk账户，如图13-27所示。

（3）登录后弹出图13-28所示的"在Cloud中渲染"对话框。单击"继续"按钮，系统弹出图13-29所示的对话框，在该对话框中进行相关参数的设置，包括视图名称、输出类型、渲染质量、图像尺寸、曝光等。

（4）参数设置完成后，单击"渲染"按钮，Revit软件将开始下载并进行渲染。

图 13-27　"登录"对话框

图 13-28 "在 Cloud 中渲染"对话框

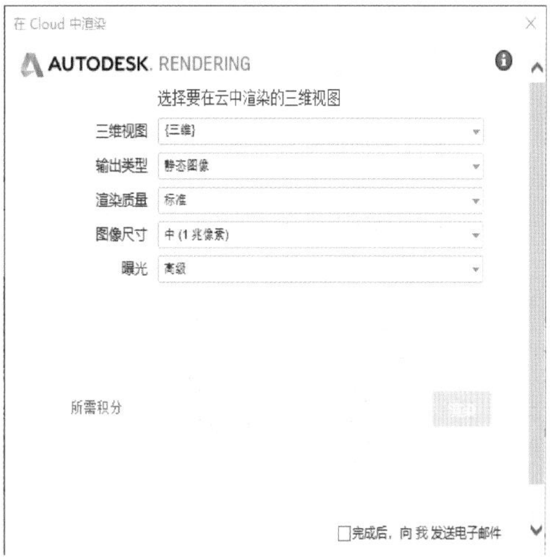

图 13-29 渲染参数设置对话框

章节练习

1．能够灵活运用相机和漫游功能，根据项目需求进行透视图及动画漫游的创建。

2．利用相机功能创建一张室内渲染图，各参数自定义。

3．利用漫游功能创建一段不少于15s的建筑外观漫游视频，漫游路径自定义。

CHAPTER

14

第 14 章

族基本应用

14.1 创建族模型

14.1.1 注释族

注释族是Revit软件中很重要的一类二维族，其代表了Revit软件的一大特色——参数化表达模型信息；使用注释类族样板可以创建各种注释类族，如门窗标记、轴网标高等。

使用"公制门标记"族样板，可以创建任何形式的门标记。其操作步骤如下：

（1）打开Revit软件，界面如图14-1所示，在"族"选项区域单击"新建"

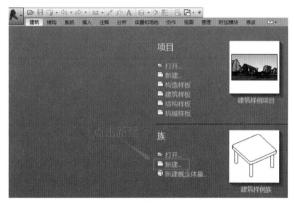

图 14-1 Revit 软件界面

按钮，系统弹出"新族-选择样板文件"对话框，打开"注释"文件夹，如图14-2所示，选择"公制门标记"选项，单击"打开"按钮，如图14-3所示，进入公制门标记创建操作界面，如图14-4所示。

图 14-2 打开"注释"文件夹

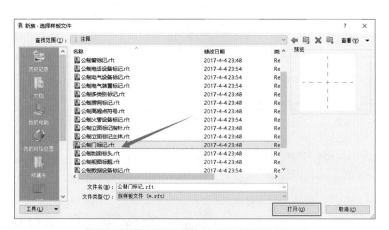

图 14-3　打开"公制门标记"族样板文件

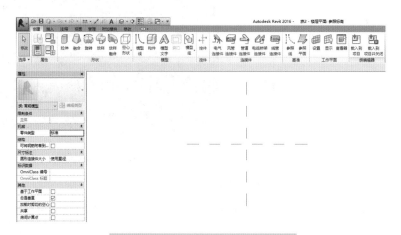

图 14-4　公制门标记创建操作界面

（2）选择"创建"选项卡"文字"面板中的"标签"命令，如图14-5所示，在绘图区域单击两条相交线的交点，在弹出的"编辑标签"对话框中"类别参数"选项区域列表框中双击"类型标记"选项，将该参数添加到标签，然后单击"确定"按钮，如图14-6所示。

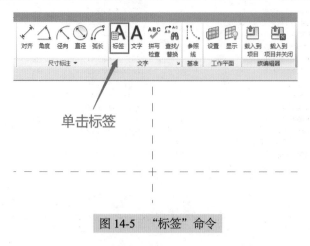

单击标签

图 14-5　"标签"命令

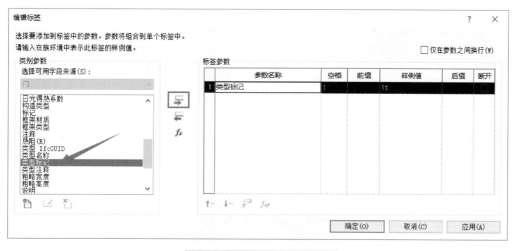

图 14-6　添加"类型标记"

（3）单击创建完成后的标签，在"属性"面板中单击"编辑类型"按钮，系统弹出"类型属性"对话框，如图14-7所示，在对话框中可对标签进行文字类型及字体的大小等其他选项进行调整。注意：当修改字体大小时，应复制类型并重命名，以方便统计及整理；在不选中任何集合的情况下，勾选"属性"面板中的"随构件旋转"复选框，如图14-8所示，然后保存文件并命名为"门标记族"。

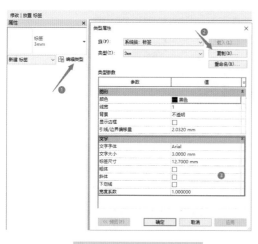

图 14-7　编辑类型界面

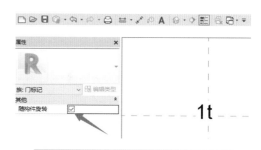

图 14-8　勾选"随构件旋转"复选框

（4）新建一个项目，并创建墙体及放置门，然后在"创建"选项卡"族编辑器"面板中选择"载入到项目"命令，如图14-9所示。在"项目浏览器"中用鼠标右键单击"族"，在弹出的快捷菜单中选择"搜索"命令，在弹出的"在项目浏览器中搜索"对话框中搜索"门标记"族，然后按住"门标记"族并将其拖动至门上，系统则会自动拾取并标注，为了美观性，在选项栏中可以取消勾选"引线"复选框，拖动十字叉改变标记的位置，即可完成注释的创建，如图14-10所示。

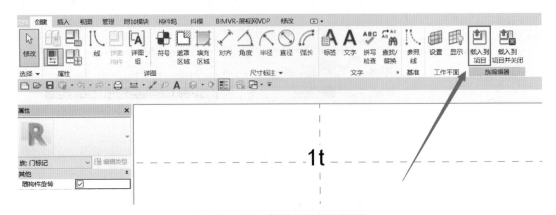

图 14-9 "载入到项目"命令

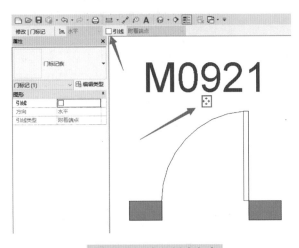

图 14-10 注释创建完成

14.1.2 模型族

Revit族是某一类别中图元的类别，是根据参数（属性）集的共用、使用上的相同和图形表示的相似来对图元进行分组。一个族中不同图元的部分或全部属性可能有不同的值，但属性的设置是相同的。创建族时可以分别创建实心形状族和空心形状族。常规模型族的创建命令一般有"拉伸""融合""旋转""放样""放样融合"五种。

14.1.2.1 实心形状

1. "拉伸"命令

按照指定的轮廓草图，拉伸指定的高度后即可生成模型。

（1）在"新族-选择样板文件"对话框中选择"公制常规模型"选项，单击"打开"按钮，如图14-11所示。

图 14-11　打开常规模型族样板文件

（2）在"创建"选项卡"形状"面板中选择"拉伸"命令，进入创建草图轮廓界面，按照项目需求进行自由创建。本处将以矩形为例，绘制完成后单击"完成"按钮，即可完成编辑，如图14-12所示。

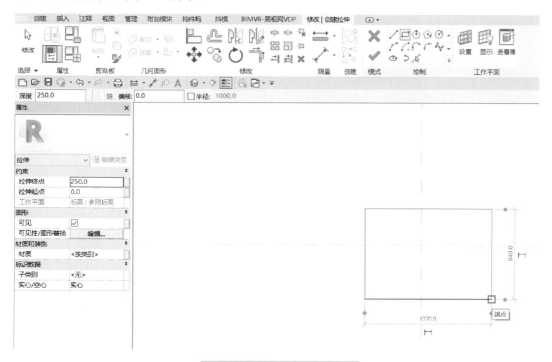

图 14-12　完成拉伸草图绘制

（3）对创建的矩形设置参数，在"注释"选项卡"尺寸标注"面板中选择"对齐"命令，分别对矩形的长、宽进行标注，如图14-13所示，标注完成后单击①处的尺寸，然后单击②处的"EQ"，可以使左、右两边的距离进行平分，如图14-14所示。

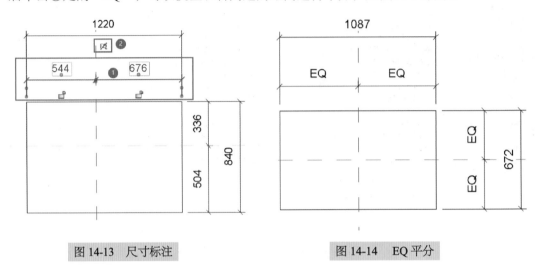

图14-13　尺寸标注　　　　　　　　　　图14-14　EQ平分

（4）单击任意一道尺寸，在"修改｜尺寸标注"上下文选项卡"标签尺寸标注"面板中单击"创建参数"按钮，如图14-15所示，在弹出的"参数属性"对话框中对此道尺寸进行命名，如图14-16所示，如命名为"长度"，同理，分别对矩形的"宽度"和"高度"进行参数化（"高度"参数可切换至立面图中进行尺寸标注）。

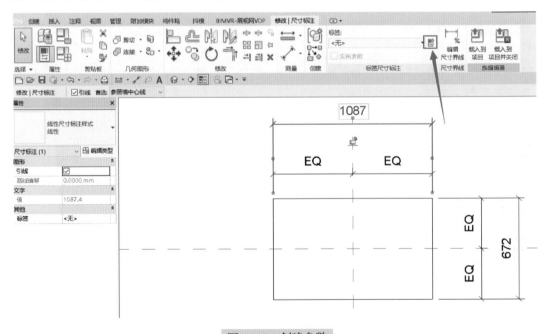

图14-15　创建参数

（5）可以对创建完成后的参数进行修改，单击图14-17所示的"族类型"按钮，在弹出的"族类型"对话框中可以对相关参数进行调整修改。如图14-18所示，"族类型"对话框下方的①、②、③分别代表编辑、新建、删除参数。

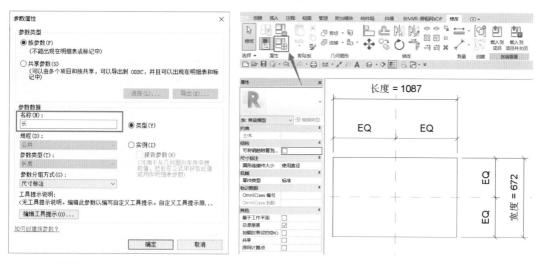

图 14-16　参数命名　　　　　　　　　　　图 14-17　打开族类型

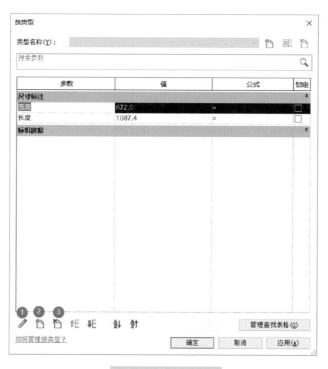

图 14-18　调整参数

（6）切换至三维视图即可查看创建的模型，若尺寸标注过大而被遮挡，可以调节比例，如图14-19所示，以更好地观察模型。

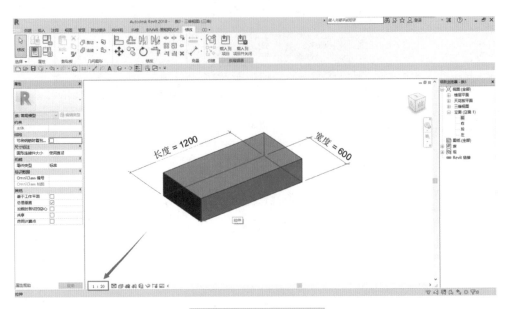

图 14-19 拉伸三维模型

2. "融合"命令

根据项目需求创建模型不同的底部形状和顶部形状，并指定模型高度，Revit 软件会自动生成为两个不同截面的融合生成模型。

在"创建"选项卡"形状"面板中选择"融合"命令，进入编辑草图模式，Revit 软件默认的是首先编辑底部轮廓。这里以底部轮廓为矩形、顶部轮廓为圆形为例，当绘制完成后单击"编辑顶部"按钮，如图14-20所示，在顶部编辑模式下绘制圆形，同理，也可以对圆的半径或直径进行参数设置，如图14-21所示，然后单击"完成"按钮，完成草图绘制，最后切换至三维视图即可查看模型，如图14-22所示。

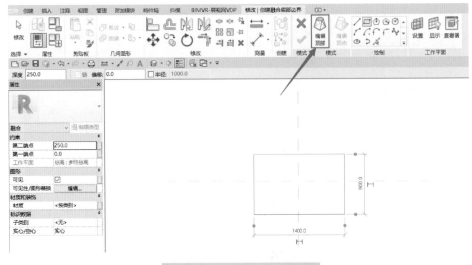

图 14-20 切换顶、底部编辑

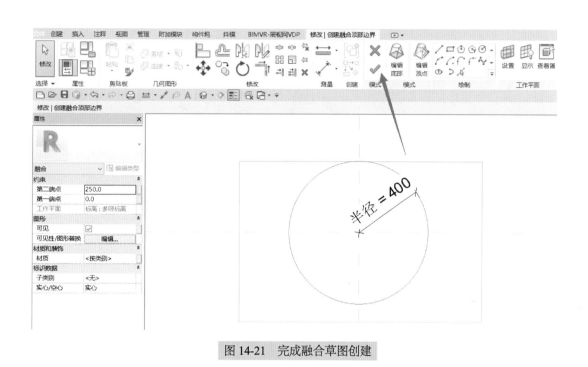

图 14-21　完成融合草图创建

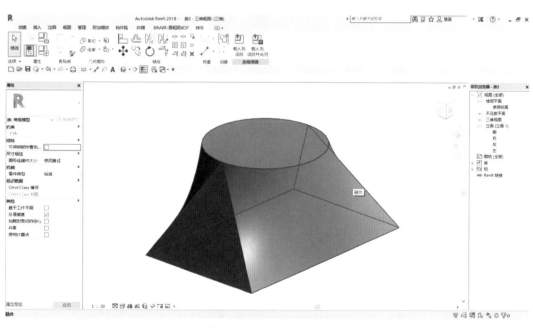

图 14-22　融合三维模型

3. "旋转"命令

根据草图绘制一段封闭的轮廓，绕旋转轴和指定角度可以生成相应的模型。

在"创建"选项卡"形状"面板中选择"旋转"命令，进入编辑草图模式，切换至立面视图，但是不可进行草图绘制，只需要设置工作平面。在"修改｜创建旋转"上下文选项卡"工作平面"面板中选择"设置"命令，如图14-23所示，在弹出的"工作平面"对话框中"名称"下拉列表中选择"参照平面：中心（前/后）"选项，并单击"确定"按钮，如图14-24所示，然后可进行草图绘制。完成草图绘制，如图14-25所示，单击"完成"按钮，转至三维视图查看模型。

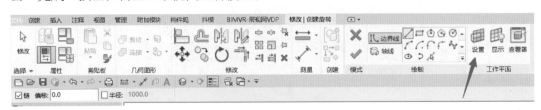

图 14-23　设置工作平面

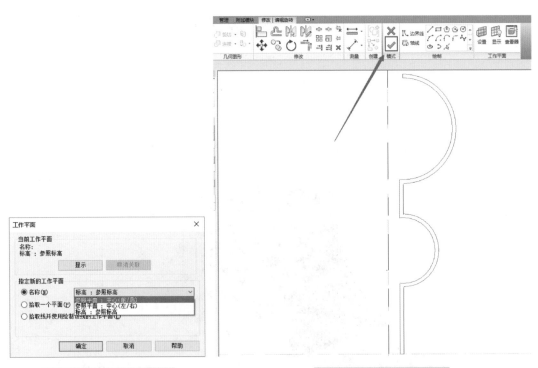

图 14-24　选择参照平面　　　　图 14-25　完成草图绘制

单击"三维视图"按钮查看模型，在"属性"面板中可以调整旋转角度，图14-26所示设置的旋转角度为180°，图14-27所示设置的旋转角度为360°，可根据项目需求自定义旋转角度。

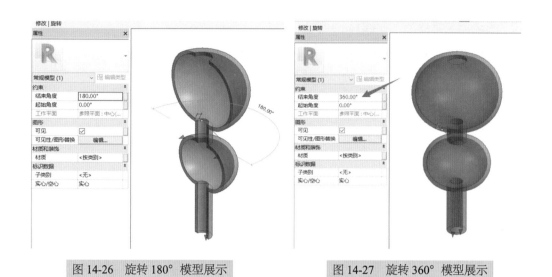

图 14-26 旋转 180° 模型展示	图 14-27 旋转 360° 模型展示

4. "放样"命令

根据需求指定路径，在垂直于指定路径的面上绘制封闭轮廓，绘制完成后的轮廓沿路径从头到尾生成模型。

在"创建"选项卡"形状"面板中选择"放样"命令，进入编辑草图模式；在"修改 | 放样"上下文选项卡"放样"面板中选择"绘制路径"命令，任意绘制一条路径，如图14-28所示，然后单击"完成"按钮完成绘制，如图14-29所示。

图 14-28 绘制路径

在"修改 | 放样"上下文选项卡"放样"面板中选择"编辑轮廓"选项（图14-30），弹出图14-31所示"转到视图"对话框，在该对话框中，单击打开三维视图。进入三维视图界面，绘制一个圆形，如图14-32所示，绘制完成后单击两次"完成"按钮，即

得到了最后的三维模型，如图14-33所示。

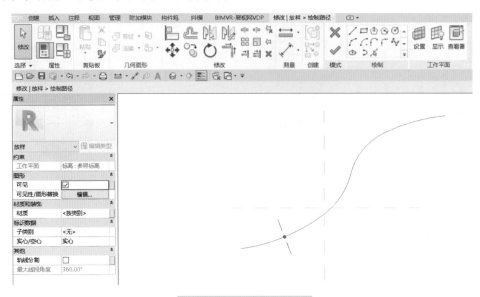

图 14-29　路径草图编辑

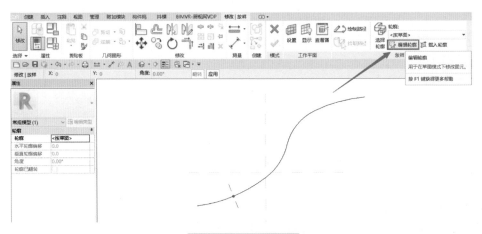

图 14-30　编辑轮廓

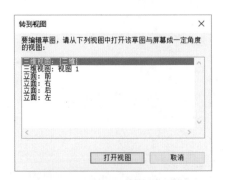

图 14-31　"转到视图"对话框

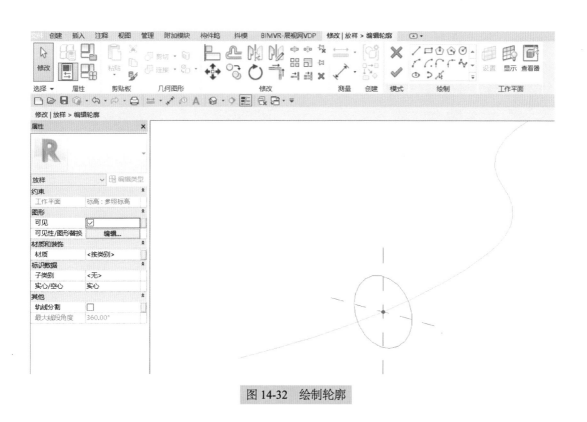

图 14-32 绘制轮廓

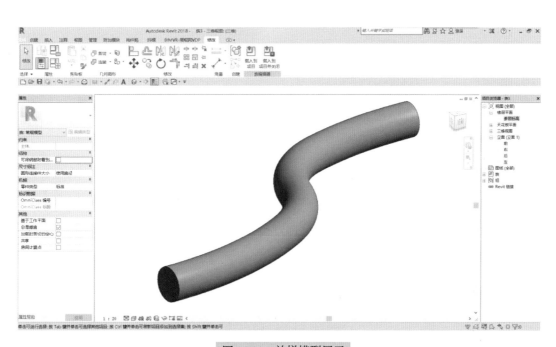

图 14-33 放样模型展示

5. "放样融合"命令

"放样融合"命令结合"放样"命令和"融合"命令的特点，根据指定放样路径，分别给予路径起点与终点，指定不同的截面轮廓，两截面则会沿路径自动进行融合生成模型。

在"创建"选项卡"形状"面板中选择"放样融合"命令，进入编辑草图模式。选择"绘制路径"命令任意绘制一条路径，如图14-34所示，然后单击大勾完成。

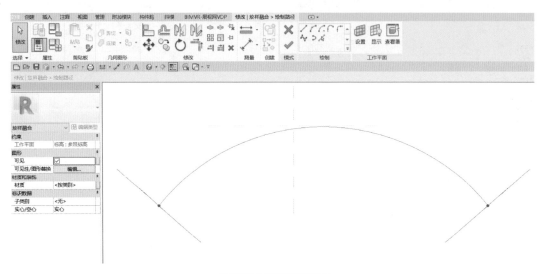

图 14-34　绘制路径

分别对轮廓1、2进行编辑。如轮廓1、2分别为六边形和矩形，如图14-35、图14-36所示，单击"完成"按钮后即可查看模型，如图14-37所示。

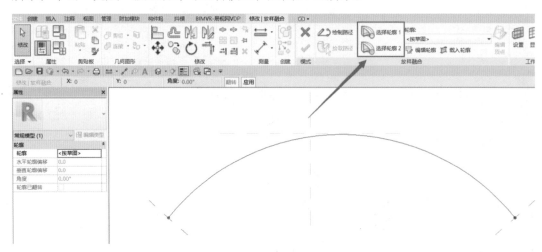

图 14-35　编辑轮廓 1、2

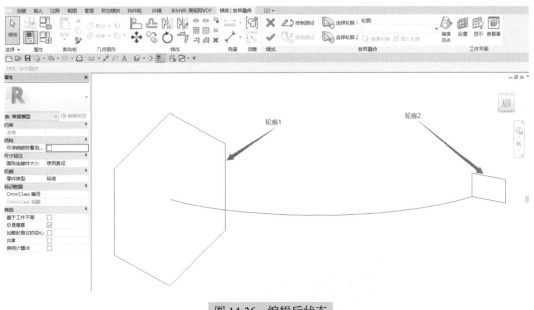

图 14-36　编辑后状态

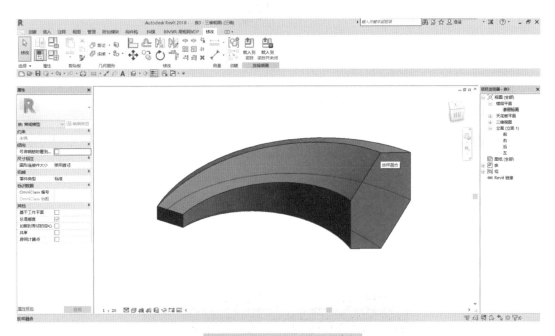

图 14-37　放样融合模型展示

14.1.2.2　空心形状

创建族时除可以创建实心形状外，还可以创建空心形状。顾名思义，空心形状就是剪切掉多余部分的模型，这里以"拉伸"命令为例进行介绍，不作过多演示。

首先利用"拉伸"命令创建一个实心的矩形模型，然后在"创建"选项卡"形状"

第1章　第2章　第3章　第4章　第5章　第6章　第7章　第8章　第9章　第10章　第11章　第12章　第13章　第14章

面板"空心形状"下拉列表中选择相应的命令，进行空心拉伸的创建，创建完成后如图14-38所示。若出现黄色形状，可以单击下方的剪切下拉箭头，单击剪切几何图形，分别单击空心形状和实心形状即可完成模型的创建，如图14-39所示。

同理，可以利用其他操作命令创建各种所需的空心形状。

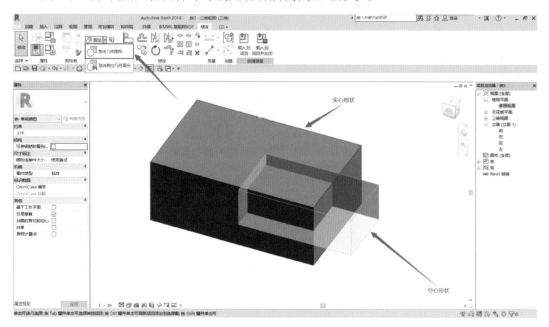

图 14-38　未剪切的模型

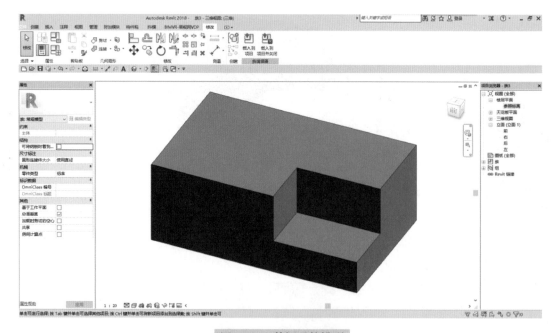

图 14-39　剪切后的模型

14.2 概念体量设计

14.2.1 概念体量简介

概念体量设计环境是Revit软件的三大建模环境之一，大多数设计师接触Revit软件学习时都使用项目建模和常规族建模环境，但是经常会碰到一些构件在Revit软件常规族里很难建立模型或根本无法创建，或者可以建立模型却无法参数化控制，这些问题都可以在概念体量设计中得到解决。概念体量设计的功能非常强大，弥补了一部分常规建模方法的不足。其在方案推敲、曲面异形建模、高效参数化设计等方面都有非常好的运用，并且可以统计出相关信息明细表等。

14.2.2 建立体量模型

打开Revit软件，进入图14-40所示的界面，在"族"选项区域单击"新建概念体量"按钮，在弹出的"新概念体量-选择样板文件"对话框中单击打开公制体量，进入操作编辑界面，如图14-41所示。

从图14-41中可以看出，体量模型是一个三维绘制区域，类似草图大师（Sketchup）的绘制方法，主要是利用点、线、面的原理进行绘制。

图 14-40 Revit 软件界面

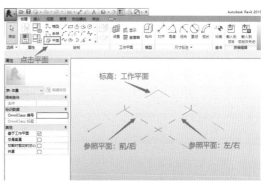

图 14-41 操作编辑界面

在"创建"选项卡"绘制"面板中选择"平面"命令，绘制出①和②参照平面，如图14-42所示，设置工作平面拾取①平面，然后在"绘制"面板中选择"模型线"命令绘制出一段圆弧形。同理，每次绘制模型线时都要设置相应的工作平面，完成绘制，如图14-43所示。

同时选中图14-44所示的三条圆弧线段，在"修改 | 线"上下文选项卡"形状"面板"创建形状"下拉列表中选择"实心形状"选项，即可完成图14-45所示的模型。

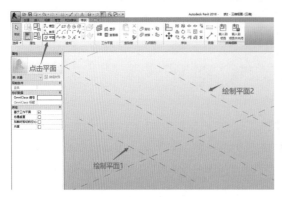

图 14-42　绘制参照平面

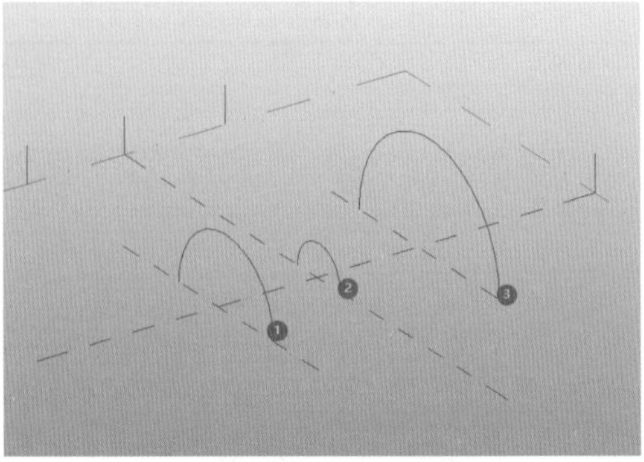

图 14-43　完成绘制模型线

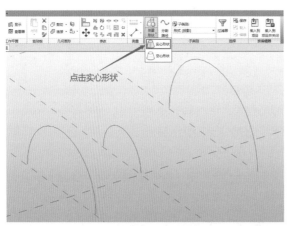

图 14-44　创建实心形状

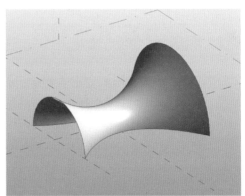

图 14-45　模型展示

选中创建的模型，然后单击"分割表面"按钮，如图14-46所示，将得到图14-47所示的模型，并且可以根据项目的要求调整U、V网格线的个数，此处不作过多阐述。

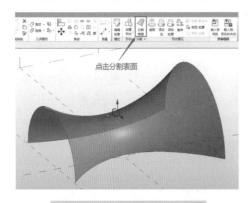

图 14-46　"分割表面"按钮

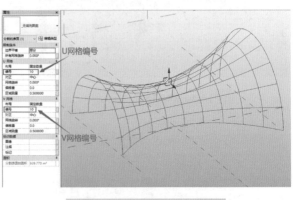

图 14-47　分割表面后的模型

在"属性"面板的"类型选择器"中，用户可以根据要求选择相应的填充图案，这里以"三角形棋盘（弯曲）"为例，如图14-48所示，最后得到图14-49所示的体量模型。

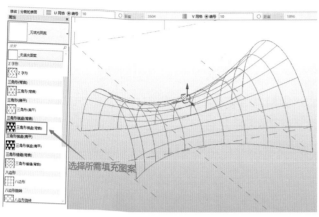

图 14-48　选择填充图案

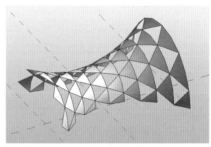

图 14-49　体量模型展示

章节练习

1. 模型族有哪几种创建命令？

2. 熟练掌握创建族的命令，根据项目需求灵活运用各命令（空心形状、实心形状结合使用）完成创建。

3. 创建一个窗标记族。

4. 创建一个底部轮廓尺寸为3 000 mm×5 000 mm的矩形、顶部轮廓直径为2 000 mm的圆、高度为5 000 mm的融合模型。

5. 利用概念体量模型创建图14-46所示的模型，U、V网格线分别设置为20、10，填充图案更改为"三角形（扁平）"。

References 参考文献

［1］许可，银利军. 建筑工程 BIM 管理技术［M］. 北京：中国电力出版社，2017.

［2］BIM工程技术人员专业技能培训用书编委会. BIM应用与项目管理［M］. 北京：中国建筑工业出版社，2016.

［3］范国忠. BIM 在建筑工程项目管理的应用研究［D］. 南昌：江西师范大学，2016.

［4］孙成双，江帆，满庆鹏. BIM技术在建筑业的应用能力评述［J］. 工程管理学报，2014，28（3）：27-31.

［5］汪茵，高平，宋蓉. BIM 在工程前期造价管理中的应用研究［J］. 建筑经济，2014，35（8）；64-67.

［6］张树捷. BIM 在工程造价管理中的应用研究［J］. 建筑经济，2012（2）：20-24.

［7］何关培. BIM 总论［M］. 北京：中国建筑工业出版社，2011.

［8］刘占省，赵雪锋，BIM 技术与施工项目管理［M］. 北京：中国电力出版社，2015.

［9］王勇，张建平，胡振中. 建筑施工 IFC 数据描述标准的研究［J］. 土木建筑工程信息技术，2011，3（4）：9-11.

［10］施平望. 基于 IFC 标准的构件库研究［D］. 上海：上海交通大学，2014.

［11］中国建设教育协会. BIM 建模［M］. 北京：中国建筑工业出版社，2019.

［12］王婷，应宇垦. Revit 2015 初级［M］. 北京：中国电力出版社，2016.

［13］李恒，孔娟. Revit 2015 中文版基础教程［M］. 北京：清华大学出版社，2015.

［14］卫涛，李容，刘依莲. 基于BIM的Revit建筑与结构设计案例实战［M］. 北京：清华大学出版社，2017.

［15］张波，陈建伟，肖明和. 建筑产业现代化概论［M］. 北京：北京理工大学出版社，2016.

［16］廖小烽，王君峰. Revit 2013/2014 建筑设计火星课堂［M］. 北京：人民邮电出版社，2013.